扁豆品种志（南方本）

苏彩霞　栾春荣　王　彪　陈　新　主编

化学工业出版社

·北京·

内容简介

本书是我国第一部以扁豆为中心的品种志，以长江三角洲为核心，对我国南方地区多个省、市近200份扁豆资源的名称、品种来源、特征特性、产量表现、栽培注意点进行了阐述，附有花、荚、籽粒、植株的图片。本书涉及的扁豆品种多，覆盖面广，工作量大，凝聚了我国扁豆科研工作者的心血和汗水，对引领扁豆科研、制定产业政策、指导产业发展具有重要的意义。

本书可供扁豆育种、栽培相关科研教学人员参考。

图书在版编目（CIP）数据

扁豆品种志：南方本 / 苏彩霞等主编．—北京：化学工业出版社，2022.9

ISBN 978-7-122-41659-9

Ⅰ.①扁…　Ⅱ.①苏…　Ⅲ.①扁豆－品种－中国
Ⅳ.①S643.502

中国版本图书馆CIP数据核字（2022）第100349号

责任编辑：彭爱铭　刘　军　　　文字编辑：李　雪　陈小滔
责任校对：边　涛　　　装帧设计：张　辉

出版发行：化学工业出版社
（北京市东城区青年湖南街13号　邮政编码100011）
印　　装：涿州市般润文化传播有限公司
880mm×1230mm　1/32　印张 $6^1/_2$　字数171千字
2022年9月北京第1版第1次印刷

购书咨询：010-64518888　　　售后服务：010-64518899
网　　址：http://www.cip.com.cn
凡购买本书，如有缺损质量问题，本社销售中心负责调换。

定　价：88.00元

本书编写人员名单

主　编：苏彩霞　栾春荣　王　彪　陈　新

副主编：武天龙　顾和平　颜　伟　王全友

陈合云　荣松柏　刘合芹　范建军

参编人员（排名不分先后）：

狄佳春　朱　银　孟　姗　刘晓庆

赵西拥　卢照龙　刘明义　洪　斌

常亚芸　陈翠明　季国民　张　旭

曾　婷　管　伟

序

在我国第一部《扁豆品种志》（南方本）即将出版之际，受江苏省现代农业（特粮特经）产业技术体系首席专家陈新研究员之托，为《扁豆品种志》（南方本）写序，盛邀之下，心绪难平，感慨颇多，虽文笔有限，但无可托辞，遂欣然落笔。

我从20世纪70年代末开始从事豆类作物育种研究，至今已有40余年，可以说经历和见证了我国改革开放后豆类作物育种和栽培研究的主要阶段。扁豆作为一种小宗药食兼用型豆类作物，长期以来科研生产一直处于较低水平，品种以农家种为主，种植面积小，且多为零星种植，主要分布在江苏、上海、浙江、湖南、江西、广东、广西、海南、福建等南方地区。20世纪90年代以后随着市场经济的发展，扁豆产业在部分地区有了一定发展规模，随后一些科技工作者开始了扁豆品种的选育工作，先后经历了农家种筛选利用阶段，品种间杂交选育阶段，生物技术与传统技术结合科研创新阶段。历经几代科技人员的努力，到目前为止，筛选利用的农家品种和杂交选育的扁豆品种已有100多份，这是我国扁豆科研的丰硕成果，同时也成就了我国第一部《扁豆品种志》（南方本）。

这部《扁豆品种志》（南方本）的诞生，凝聚了众多科技工作者的心血和汗水，它不仅是对我国扁豆科研育种的阶段性总结，而且可以起到承前启后、继往开来的作用，可以指导当前和今后一段时间的扁豆育种、栽培、加工和利用；不仅是今后扁豆育种者的重要参考书，也是扁豆科研教学工作者的有效工具。本书还在一定程度上，丰富了我国豆类作物的种质资源信

息库，进一步拓宽了我国豆类研究的广度和深度，推动着我国扁豆学科发展、科技创新、产业进步和可持续发展。

回顾我国扁豆科研工作历程，从建国初期的自留自种，到20世纪末开始的苏、浙、沪、皖四省市有关科研院所的科技协作；从零星的种植到占地面积2000公顷的上海红岗青扁豆示范基地；从20世纪60年代无科研人员研究，发展到目前100多人的研究团队；从单纯的育种研究发展到目前的育种、栽培、加工技术研究为一体的产业化发展之路，成绩喜人，前景诱人。这一方面依靠党的改革开放政策，国家的富强，人民的需求；另一方面与一个好的研究团队以及团队成员的精诚合作、竭诚奉献息息相关。在国家农业、科技、财政等部门的大力支持下，团队成员先后多次承担了国家、省、市级豆类作物科研专项，取得了多项科研成果，特别是2016年以来，江苏省构建了特粮特经产业技术体系，在首席专家陈新研究员的带领下，成立了长三角地区扁豆科研协作组，在这个平台上，团队成员心往一处想，劲往一处使，开创了我国扁豆科研工作新局面。这次入编的扁豆新品种就是大家团结协作的结果。

面对扁豆产业发展的大好形势，作为在豆类科研战线工作多年的技术人员，我心潮澎湃，倍感欣慰，真诚地期望老一代扁豆科研工作者继续发挥好传帮带作用，勤于创新，再创佳绩；更希望年轻一代扁豆团队的科技人员抓住当前的大好时光，脚踏实地，勤奋敬业，精诚协作，不断提高我国扁豆科研工作水平。

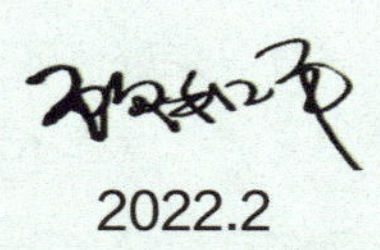

2022.2

前 言

扁豆 [*Lablab purpureus* (Linn.) Sweet]，别名火镰扁豆、藤豆、沿篱豆、鹊豆、查豆、面豆、眉豆、月亮菜等，属豆科蝶形花亚科扁豆属，是一种多年生、缠绕藤本植物。花色主要有红、白等；嫩荚色有青白、浅绿、沙红、朱红、紫红等多种；其成熟嫩荚或豆粒常作为蔬菜食用。

目前，中国的菜用扁豆种植面积约 25.6 万公顷，其中，江苏、上海、浙江、湖南、江西、广东、广西、海南、福建等南方地区，约占 16.5 万公顷；其他地区约占 9.1 万公顷。大部分地区都是零星种植在房前屋后、田边地角、篱边隙地，产量和效益都很低。近几年，随着市场经济的发展，开始有较大面积连片栽培的示范区。其中上海郊区扁豆种植面积较大，高峰期年种植面积约有 2000 公顷，特别是浦东红岗青扁豆合作社，从事扁豆种植至今已有近 30 年的历史，带动当地 1 万多农户进行扁豆种植，是中国最大的鲜食扁豆规模化生产基地，仅 2010 ~ 2019 年这 10 年间，累计种植面积就达 1.24 万公顷。

扁豆在中国不仅具有很好的食用价值，同时还有较高的药用价值。根据食用习惯，扁豆主要分布于我国南方地区，华北、东北次之，高寒地区极少，有时虽可开花，但不结荚。因为扁豆种植面积较小，属小宗作物，一直以来处于不被重视的地位，特别是在种质资源方面，相关研究报道并不多见。直到 1982 年，魏善城报道了滇西北扁豆的收集情况，并按籽粒颜色将其划分为 3 种类型；之后，徐向上从秦巴山区四川部分及四川西南部

收集的 32 份扁豆材料中筛选出 4 份优良品种；覃初贤从桂西山区收集了 49 份材料，并进行了鉴定；曲士松在山东省收集 22 份扁豆材料并进行了观察；李晓平从黔南山区搜集到 27 份资源，并从中筛选出 3 份优良材料；彭友林从湖南省 92 份资源材料中选出 9 个优良品种；江苏地区则以沿江地区农业科学研究所为主，共收集到 65 份地方性扁豆材料，研究所科研人员根据扁豆的生物学特征、农艺性状和荚果的生长状态等，对扁豆进行了初步的鉴定和分类。到目前为止，我国没有制定“扁豆品种特征特性术语解释及记载标准”，也没有一部专业的有关中国扁豆品种的特征特性描述，因此，为使我国宝贵的扁豆资源发挥更大的作用，编撰出版一部《扁豆品种志》（南方本）非常有必要。

2016 年，上海交通大学农业与生物学院、江苏省农业科学院经济作物研究所、江苏省泰兴市农业科学研究所共同成立了长三角地区扁豆新品种鉴定协作组，决定在现有扁豆种质资源研究的基础上，对我国南方和长江中下游地区扁豆资源进行补充征集；2018 年，在第三次农作物种质资源普查之际，协作组联合江苏省农业科学院种质资源与生物技术研究所、浙江省农业科学院作物与核技术利用研究所、安徽省农业科学院作物研究所对我国长江中下游及周边地区的扁豆种质资源又进行了进一步收集、鉴定和完善。为了保证入志品种材料的准确性，本书编写人员对入志品种材料进行了逐个修改、核对、甄别，于 2022 年 1 月形成定稿，完成了《扁豆品种志》（南方本）的编撰工作。

《扁豆品种志》（南方本）编写人员多为多年从事扁豆育种与栽培的科技工作者，田间实践经验丰富。编志说明、扁豆品种特征特性术语解释及记载标准由苏彩霞、王彪起草，武天龙、顾和平参与修改；入志品种材料由各相关单位及人员撰写；陈新研究员负责最终审稿定稿。在此，谨向为《扁豆品种志》（南方本）编写做出贡献的各方人士表示诚挚感谢！

《扁豆品种志》（南方本）的编写得到了入志品种单位领导的支持，更得到了长三角扁豆协作组团队成员的大力协助，在此一并表示衷心的感谢！由于编者的学识水平有限，以及目前技术、资金等各方面的限制，资料不够充分，书中疏漏之处在所难免，还望读者批评指正，以便再版时修订。

苏彩霞

2022 年 2 月

编写说明

一、入志品种

本志共编入 176 个品种，主要包括：①农家品种。这一类品种主要选自第三次全国农作物种质资源普查采集的地方材料，在各地区基本上都有一定的种植面积。为挖掘我国扁豆的老品种，编委会与各省市种质资源负责单位协商，以江苏种质资源材料为主，上海、浙江、安徽等地区为辅，将大部分材料编入品种志，并从表型上剔除了部分相似的品种，以突出其特征特性。②杂交选育的品种。近年来，上海交通大学、江苏省农业科学院（简称江苏省农科院）经济作物研究所、江苏省泰兴市农业科学研究所、相关种子公司等以扁豆地方资源为基础，选育了一批优质新品种，如艳红扁、绿宝、紫血糯等，这部分品种成为现代农业生产中重要的支柱型品种，为农业结构调整作出了重要的贡献。③其他地方资源。这部分材料以南方地区地方品种为主。

这些品种的入志，代表了我国南方地区不同品种的特征特性、产量表现，体现了我国扁豆资源的丰富多样性。

二、品种排序

编入本志品种的排列次序是以省为单位，以江苏、浙江、安徽、上海等长三角区域三省一市为主顺序进行编排，其他地方资源展示以提供品种数量的多少而确定，多者在先。

三、品种名称

因扁豆多为地方资源材料，所以以各地方收集的品种名称为主，大部分加上各地的地名。

四、品种来源

大部分以第三次全国普查的地理信息作为主要参考依据，有部分新选育的品种以育种单位作为来源。

五、品种描述

由于我国目前缺少“扁豆品种特征特性术语解释及记载标准”，因此，除浙江、安徽、上海的扁豆资源材料分别由浙江省农业科学院（简称浙江省农科院）作物与核技术利用研究所、安徽省农业科学院（简称安徽省农科院）作物研究所、上海交通大学在各自的基地自行鉴定外，其他所有的资源均由江苏省泰兴市农业科学研究所引进并在所内进行特征特性的鉴定、图片的采集。所有考查项目和标准均由编委会统一意见、制定标准后进行。

扁豆品种特征特性术语解释及记载标准

一、范围

本志规定了扁豆入志品种田间试验或大田种植的物候期、植物学特征、生物学特性、经济性状、产量等调查、观察记载规范。

本志适用于所有入志的扁豆品种，一般是指在长三角地区大区试验或大田种植时的调查观察数据。

二、术语与定义

1. 植物学特征

植物根、茎、叶、花、果实等特征，是相对于其他植物而言，比如各器官形态、物候期等。

2. 生物学特性

是按照植物的生长习性和环境的相关性来分类的，生物固有的形态、生态、生理特性及遗传性状等，是相对于环境及其他生物而言的。

三、物候期

各生育阶段的日期，以月 / 日表示。

1. 播种期

实际播种的日期。

2. 采收期

嫩荚可以采摘上市的日期。一般开花后 20 ～ 25 天。

3. 生育期

播种至嫩荚可以采摘的天数。

4. 熟性

本志根据生育期天数，将熟性分为：早熟（生育期天数≤ 80 天），中早熟（80 天＜生育期天数≤ 90 天），中熟（91 天＜生育期天数≤ 100 天），中晚熟（101 天＜生育期天数≤ 110 天），晚熟（生育期天数≥ 111 天）。

四、群体结构

本志小区试验一般采取一条龙排列，3 次重复，作畦双行种植，小区畦宽 1.5m，畦长 4m，沟 0.3m，小区面积 7.2m^2，每小区 10 株。株行距 0.6m，穴距 1m；每穴种植 3 粒，留苗 1 株。测产时，以每小区采摘鲜荚产量累计，再进行小区平均，而获得小区产量值。

五、植株特征

1. 株型

分为蔓生、半蔓生（半直立）、直立三种，于生长中期（或苗高 50 ~ 60cm 时）观察记载。

2. 生长习性

分无限结荚习性和有限结荚习性。

无限结荚习性：植株主茎和分枝的顶端生长点进行无限性生长，顶端不形成花簇，如环境条件适宜，茎可生长很高。

有限结荚习性：花簇轴长，在开花后不久主茎和分枝顶端出现 1 个大花簇，而后就不再继续向上生长。

3. 生长势

植株生长发育的旺盛程度。也指一定时间内，枝条加长和加粗生长的快慢。分弱、中、强，于扁豆花荚期记载。

4. 茎的颜色

分绿紫、紫、紫绿、绿四种，于生长中后期记载。

5. 叶的颜色

分浅绿、绿、深紫三种，于生长中后期记载。

6. 叶脉色

分绿、紫、淡紫三种，于生长中后期记载。

7. 叶的大小

分大、中、小三种，于生长中后期记载。

8. 花色

分紫红、红色、白色、粉红色、粉紫等，于盛花期记载。

9. 花序长

每品种取 10 个花序，测量其长度，计算平均值，从而估算其长短范围。

花序为 0 时，则为无花序或超短花序。

于盛花期记载。

10. 荚色

分青白、紫红、青绿、沙红、朱红、青绿带沙红、青白带沙红、深紫、亮紫、粉紫、青绿带紫等，于嫩荚采收期考察记载。

11. 荚形

分镰刀形、长镰刀形、猪耳朵形、长猪耳朵形、葱管形（S 形）或棍形、皮条形或直刀形等。

12. 缝线色

分青紫、青绿、青绿带红、暗紫、红、紫红、绿、朱红、淡红、青、暗红等。

13. 成熟豆荚色

分枯黄色、枯黑色、枯白色三种。

14. 粒色

分黑色、褐色、棕褐色、深褐色、棕色、亮棕色、红棕色、暗棕色、棕黑色、暗红色、红褐色、淡黄色、棕红色、黄色、黄棕色、黄褐色、白色等。

15. 花纹

分三种：带花纹、部分带花纹、无花纹。

16. 脐色

本志列入的品种只有白脐一种。

17. 粒形

圆形、椭圆形、长椭圆形、长扁椭圆形、长葱管形、楔形等。

18. 光泽度

分好、中、差、无四种。

六、抗逆性

1. 感光性

分三级：

弱——多为早熟种。

中——多为中熟种或中晚熟种。

强——多为晚熟种或中晚熟种。

2. 抗病性

长江中下游地区，主要是叶斑病、灰霉病。

（1）叶斑病　梅雨季节或生长中后期，调查叶片的发病情况。分抗、中、感记载。

（2）灰霉病　嫩荚绿色、肉质稍厚的品种发病率稍高。多因连续阴雨或大棚内湿度过大而引起病害。分抗、中、感记载。

综合抗病性表现，分为强、中、差三种。

3. 抗虫性

指同一种植物在害虫为害较严重的情况下，其中某些植株能避免受害、耐害或虽受害而有补偿能力的特性。综合抗虫性表现，分为强、中、差三种。

扁豆的主要虫害是豆荚螟、蚜虫。

4. 耐寒性

植株耐受寒冷而能生存的特性。一般指耐零下短时低温影响的特性。分为强、中、差三种。

七、经济性状

1. 栽培密度

品种密度的确定，是根据多年田间种植鉴定的经验初步确定的。一般生长势强、生长势中等的品种密度定为 10500 ～ 15000 株 /hm^2，生长势弱的品种密度定为 12000 ～ 16500 株 /hm^2。

2. 荚长

每个品种随机取 10 个成熟嫩荚，测量其长度，取其平均值，单位：cm。

3. 荚宽

每个品种随机取 10 个成熟嫩荚，测量其宽度，取其平均值，单位：cm。

4. 荚厚

每个品种随机取 10 个成熟嫩荚，测量其厚度，取其平均值，单位：cm。

5. 籽粒数

每个品种随机取 10 个成熟嫩荚，数出每个嫩荚的籽粒数，取其平均值，单位：个。

6. 鲜荚重

每个品种随机取 10 个成熟嫩荚，称其质量，取其平均值，单位：g。

7. 单株荚数

每个品种随机统计 10 株鲜荚荚数（所有采摘批次荚数的累计），取其平均值，单位：个。

8. 单株产量

每个品种随机统计 10 株鲜荚产量（所有采摘批次产量的累计），取其平均值，单位：kg。

9. 百粒重

每个品种随机取 100 粒成熟的干籽粒，称其重量，重复 3 次，取其平均值，单位：g。

八、产量

产量的计算是利用公式“单位面积产量 = 单株产量 × 栽培密度”进行粗略的估计，单位：kg/hm^2。

九、主要品质

1. 外观品质

荚形完整，无病、虫伤害，色泽一致，符合市场商品性一般要求。分为好、中、差三种。

2. 蒸煮品质

主要包括荚壁纤维和口感品质。

方法：取标准荚 50g，用水清洗干净→待水沸后将豆荚淹没于水中→待再次沸腾后煮 5 ~ 6min →捞取，立即放入凉水中冲凉片刻→立即品尝。

荚壁纤维：多、中、少。

口感品质：好、中、差。

目 录

第1章

江苏省

1.1 泰州市

泰兴青扁豆

【品种来源】泰兴市河失镇。

【特征特性】植株蔓生，无限结荚习性，生长势强。茎绿紫色，叶绿色，叶脉紫红，叶片偏大。粉红色无花序或超短花序。鲜荚猪耳朵形，朱红色（未见光部分绿色），缝线暗红色，荚长 7 ～ 9cm，荚宽 2 ～ 4cm，荚厚 0.6 ～ 0.8cm，每荚籽粒 3 ～ 5 粒，单荚鲜重 9 ～ 12g，单株荚数 100 ～ 150 个，单株鲜荚产量 1.0 ～ 1.5kg。外观品质好，荚壁纤维少，口感品质较好。

成熟的豆荚枯黑色，干籽粒红褐或褐色，部分带花纹，白脐，椭圆形，百粒重 50 ～ 54g，光泽度中等。中晚熟，感光性中等，抗病性强，抗虫性强，耐寒性强。

【产量表现】按栽培密度 10500 ～ 15000 株/hm^2 计算，一般单季每公顷生产鲜荚 13000 ～ 19000kg。

【栽培注意点】（1）长江中下游地区 6 月中下旬～ 7 月上中旬均可播种。

（2）开花初期、花荚盛期做好豆荚螟的防治。

（苏彩霞　栾春荣　拍摄）（撰写人：江苏省泰兴市农业科学研究所　苏彩霞）

黄桥扁豆

【品种来源】 泰兴市黄桥镇。

【特征特性】 植株蔓生，无限结荚习性，生长势强。茎绿色，叶绿色，叶脉绿色，叶片中等大小。白色花序，长 10 ～ 20cm，鲜豆荚长镰刀形或棍形，青白色，缝线青色，荚长 8 ～ 12cm，荚宽 1 ～ 2cm，荚厚 0.5 ～ 0.8cm，每荚籽粒 3 ～ 5 个，单荚鲜重 5 ～ 7g，单株荚数 100 ～ 150 个，单株鲜荚产量 0.5 ～ 1.0kg。外观品质好，荚壁纤维中等，口感品质中等。

成熟的豆荚枯黄色，干籽粒红棕色或棕色，部分带花纹，白脐，棍形或长葱管形，百粒重 28 ～ 32g，光泽度好。中晚熟，感光性强，抗病性中等，抗虫性中等，耐寒性差。

【产量表现】 按栽培密度 10500 ～ 15000 株/hm^2 计算，一般单季每公顷生产鲜荚 6000 ～ 8000kg。

【栽培注意点】（1）长江中下游地区 6 月中下旬～ 7 月上中旬均可播种。

（2）在开花初期、花荚盛期做好豆荚螟的防治。

（苏彩霞　栾春荣　拍摄）　（撰写人：苏彩霞）

泰兴白扁豆

【品种来源】 泰兴市根思乡。

【特征特性】 植株蔓生，无限结荚习性，生长势强。茎紫绿色，叶绿色，叶脉绿色，叶片偏小。白色花，无花序或超短花序。鲜荚镰刀形，青白色，缝线绿色，荚长 7 ～ 9cm，荚宽 2 ～ 3cm，荚厚 0.6 ～ 0.8cm，每荚籽粒 3 ～ 5 个，单荚鲜重 7 ～ 9g，单株荚数 120 ～ 170 个，单株鲜荚产量 1.0 ～ 1.5kg。外观品质好，荚壁纤维中等，口感品质中等。

成熟的豆荚枯黄色，干籽粒淡黄色，部分带花纹，白脐，圆形，百粒重 38 ～ 42g，光泽度中等。晚熟，感光性强，抗病性中等，抗虫性差，耐寒性强。

【产量表现】 按栽培密度 10500 ～ 15000 株/hm^2 计算，一般单季每公顷生产鲜荚 13000 ～ 19000kg。

【栽培注意点】（1）长江中下游地区 6 月中下旬～ 7 月上中旬均可播种。

（2）在开花初期、花荚盛期做好豆荚螟的防治。

（苏彩霞　栾春荣　拍摄）　（撰写人：苏彩霞）

泰兴深绿扁豆

【品种来源】泰兴市根思乡。

【特征特性】植株蔓生，无限结荚习性，生长势强。茎紫色，叶绿色，叶脉紫色，叶片中等大小。红色短花序，长 5 ～ 15cm。鲜豆荚镰刀形，青绿色，缝线绿紫色，荚长 6 ～ 9cm，荚宽 2 ～ 4cm，荚厚 0.8 ～ 1.1cm，每荚籽粒 3 ～ 5 个，单荚鲜重 6 ～ 8g。单株荚数 100 ～ 150 个，单株鲜荚产量 1.0 ～ 1.5kg。外观品质好，荚壁纤维少，口感品质优。

成熟的豆荚枯黑色，干籽粒棕黑色，较大，白脐，椭圆形，百粒重 42 ～ 46g，无光泽。晚熟，感光性强，抗病性强，抗虫性强，耐寒性强。

【产量表现】按栽培密度 10500 ～ 15000 株/hm^2 计算，一般单季每公顷生产鲜荚 10000 ～ 13000kg。

【栽培注意点】（1）长江中下游地区 6 月中下旬～ 7 月上中旬均可播种。

（2）在开花初期、花荚盛期要做好豆荚螟的防治。

（苏彩霞　栾春荣　拍摄）　（撰写人：苏彩霞）

泰兴红边扁豆

【品种来源】泰兴市根思乡。

【特征特性】植株蔓生，无限结荚习性，生长势强。茎紫绿色，叶绿色，叶脉紫色，叶片偏大。紫红色长花序，长 20 ～ 30cm。鲜荚镰刀形，青白色，边缘红色，缝线紫红色，荚长 7 ～ 9cm，荚宽 2 ～ 3cm，荚厚 0.7 ～ 1.0cm，每荚籽粒 3 ～ 5 粒，单荚鲜重 6 ～ 8g，单株荚数 150 ～ 200 个，单株鲜荚产量 0.8 ～ 1.3kg。外观品质好，荚壁纤维少，口感品质好。

成熟的豆荚枯黄色，干籽粒棕黑色，部分带花纹，较大，白脐，圆形，百粒重 38 ～ 42g，光泽中等。中晚熟，感光性强，抗病性强，抗虫性中等，耐寒性强。

【产量表现】按栽培密度 10500 ～ 15000 株/hm^2 计算，一般单季每公顷生产鲜荚 10000 ～ 13000kg。

【栽培注意点】（1）长江中下游地区 6 月中下旬～ 7 月上中旬均可播种。

（2）开花初期、花荚盛期做好豆荚螟的防治。

（苏彩霞　栾春荣　拍摄）（撰写人：苏彩霞）

河失扁豆

【品种来源】 泰兴市河失镇。

【特征特性】 植株蔓生，无限结荚习性，生长势强。茎紫色，叶绿色，叶脉紫色，叶片偏大。紫红色花序，长 15 ～ 25cm。鲜荚紫红色，镰刀形，缝线紫红色，荚长 6 ～ 8cm，荚宽 2 ～ 3cm，荚厚 0.7 ～ 1.0cm，每荚籽粒 3 ～ 5 个，单荚鲜重 5 ～ 7g，单株荚数 100 ～ 150 个，单株鲜荚产量 0.5 ～ 1.0kg。外观品质中等，荚壁纤维少，口感品质好。

成熟的豆荚枯黑色，干籽粒棕黑色（早期棕色），白脐，球形，百粒重 44 ～ 48g，无光泽。晚熟，感光性强，抗病性强，抗虫性中等，耐寒性强。

【产量表现】 按栽培密度 10500 ～ 15000 株/hm^2 计算，一般单季每公顷生产鲜荚 10000 ～ 13000kg。

【栽培注意点】（1）长江中下游地区 6 月中下旬～ 7 月上中旬均可播种。

（2）开花初期、花荚盛期做好豆荚螟的防治。

（苏彩霞　栾春荣　拍摄）　（撰写人：苏彩霞）

泰兴肉扁豆

【品种来源】泰兴市根思乡。

【特征特性】植株蔓生，无限结荚习性，生长势强。茎紫色，叶片绿色，叶脉紫色，叶片偏小。淡红色花序，长 15 ～ 25cm。鲜荚猪耳朵形，朱红色（未见光部分无红色，老熟后颜色逐渐加深，变为黑色），缝线紫红色，荚长 7 ～ 8cm，荚宽 2 ～ 3cm，荚厚 0.7 ～ 1.0cm，每荚籽粒 3 ～ 5 个，单荚鲜重 7 ～ 9g，单株荚数 150 ～ 200 个，单株产量 1.3 ～ 1.8kg。外观品质好，荚壁纤维少，口感品质好。

成熟的豆荚枯黑色，干籽粒黑色，白脐，圆形，百粒重 39 ～ 42g，光泽度中等。中晚熟，感光性强，抗病性强，抗虫性强，耐寒性强。

【产量表现】按栽培密度 10500 ～ 15000 株/hm^2 计算，一般单季每公顷生产鲜荚 15000 ～ 22000kg。

【栽培注意点】（1）长江中下游地区 6 月中下旬～ 7 月上中旬均可播种。

（2）采用摘心打顶措施，争取早春栽培，效益更高。

（3）在开花初期、花荚盛期做好豆荚螟的防治。

（苏彩霞　栾春荣　拍摄）　（撰写人：苏彩霞）

苏扁1901

【品种来源】由泰兴市农业科学研究所2018年利用泰州地方种——姜堰白沙豆系统选育而成。

【特征特性】植株蔓生，无限结荚习性，生长势强。茎紫色，叶绿色，叶脉紫色，叶片中等大小。红色花序，长15～22cm。鲜荚猪耳朵形，青白带沙红色，缝线紫红色，荚长7～9cm，荚宽2～4cm，荚厚0.8～1.2cm，每荚籽粒3～4粒，单荚鲜重7～8g，单株荚数200～250个，单株鲜荚产量1.3～1.8kg。外观品质好，荚壁纤维少，口感品质好。

成熟的豆荚枯黑色，干籽粒棕红或棕黑色，白脐，圆形，百粒重42～46g，无光泽。中晚熟，感光性中等，抗病性强，抗虫性中等，耐寒性强。

【产量表现】按栽培密度10500～15000株/hm^2计算，一般单季每公顷生产鲜荚18000～25000kg。

【栽培注意点】（1）长江中下游地区6月中下旬～7月上中旬均可播种。

（2）采用摘心打顶措施，早春栽培，效益更高。

（3）开花初期、花荚盛期做好豆荚螟的防治。

（苏彩霞　栾春荣　拍摄）　（撰写人：苏彩霞）

苏扁1902

【品种来源】由泰兴市农业科学研究所2018年利用泰州地方种——浅粉4135系统选育而成。

【特征特性】植株蔓生，无限结荚习性，生长势强。茎紫色，叶绿色，叶脉紫色，叶片偏小。紫红色花序，长10～20cm。鲜荚短镰刀形，紫红色，缝线紫红色，鲜荚长4～6cm，荚宽2～3cm，荚厚0.5～0.8cm，每荚有籽粒3～5个，单荚鲜重6～8g，单株荚数100～150个，单株产量1.0～1.5kg。外观品质好，荚壁纤维少，口感品质好。

成熟的豆荚枯黑色，干籽粒棕黑色，部分带花纹，白脐，圆形，百粒重37～41g，光泽度中等。中熟，感光性强，抗病性强，抗虫性中等，耐寒性强。

【产量表现】按栽培密度10500～15000株/hm^2计算，一般单季每公顷生产鲜荚12000～18000kg。

【栽培注意点】（1）长江中下游地区4月中下旬～7月上中旬均可播种。

（2）荚形小，高产优质，综合性状表现好，可大面积推广。

（3）在开花初期、花荚盛期做好豆荚螟的防治。

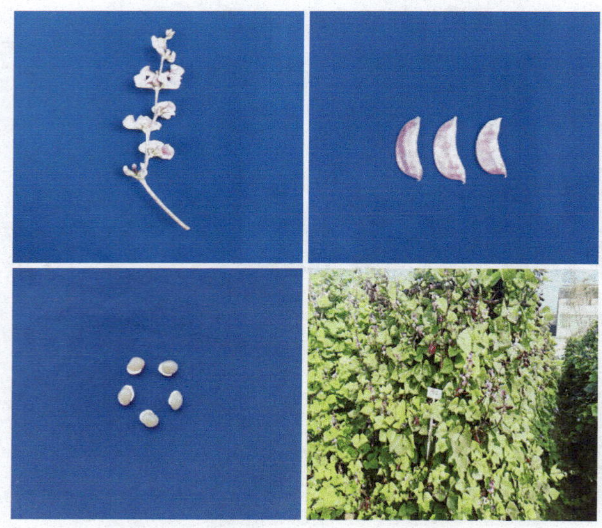

（苏彩霞　栾春荣　拍摄）　（撰写人：苏彩霞）

苏扁1903

【品种来源】由泰兴市农业科学研究所2019年杂交选育而成，母本：玻叶花B-14；父本：外18。

【特征特性】植株蔓生，无限结荚习性，生长势强。茎紫绿色，叶片深绿色，偏大，后期部分叶片变为深紫色，叶脉紫色。红色花序长10～20cm。鲜荚紫红色，长猪耳朵形，缝线暗紫色，荚长7～10cm，荚宽3～4cm，荚厚0.7～1.0cm，每荚有籽粒4～6个，单荚鲜重8～10g，单株荚数100～150个，单株鲜荚产量1.0～1.5kg。外观品质好，荚壁纤维少，口感品质优。

成熟的豆荚枯黑色，干籽粒红棕或棕黑色，白脐，圆形，百粒重38～42g，光泽中等。中晚熟，感光性强，抗病性强，抗虫性强，耐旱性耐涝性强。

【产量表现】按栽培密度10500～15000株/hm^2计算，一般单季每公顷生产鲜荚10000～14000kg。

【栽培注意点】（1）长江中下游地区4月中下旬～7月上中旬均可播种。

（2）采用摘心打顶措施，早春栽培，效益更高。

（3）开花初期、花荚盛期做好豆荚螟的防治。

（苏彩霞　栾春荣　拍摄）　（撰写人：苏彩霞）

苏扁1605

【品种来源】由泰兴市农业科学研究所2017年利用泰兴农家种——红边扁豆系统选育而成。

【特征特性】植株蔓生，无限结荚习性，生长势强。茎紫色，叶绿色，叶脉紫色，叶片偏大。红色长花序，长25～35cm。鲜荚镰刀形，青绿带沙红色，缝线紫红色，荚长7～9cm，荚宽2～3cm，荚厚1.0～1.2cm，每荚籽粒3～5个，单荚鲜重7～10g，单株荚数150～200个，单株鲜荚产量0.8～1.3kg。外观品质好，荚壁纤维少，口感品质好。

成熟的豆荚枯黄色，干籽粒红棕或棕黑色，白脐，圆形，部分带花纹，百粒重37～41g，无光泽。中熟，感光性强，抗病性强，抗虫性差，耐寒性强。

【产量表现】按栽培密度10500～15000株/hm^{2}计算，一般单季每公顷生产鲜荚12000～18000kg。

【栽培注意点】（1）长江中下游地区4月中下旬～7月上中旬均可播种。

（2）采用摘心打顶措施，早春设施栽培效益更高。

（3）在开花初期、花荚盛期做好豆荚螟的防治。

（苏彩霞　栾春荣　拍摄）　（撰写人：苏彩霞）

苏扁1607

【品种来源】由泰兴市农业科学研究所2017年利用泰兴地方种——红边扁豆系统选育而成。

【特征特性】植株蔓生，无限结荚习性，生长势强。茎紫色，叶绿色，叶脉紫色，叶片偏大。红色长花序，长25～35cm。鲜荚镰刀形，亮紫红，后期颜色加深，变为深紫红色，缝线紫红色，荚长7～10cm，荚宽2～3cm，荚厚1.0～1.2cm，每荚籽粒3～5个，单荚鲜重7～10g，单株荚数120～170个，单株产量0.5～1.0kg。外观品质好，荚壁纤维少，口感品质好。

成熟的豆荚枯黑色，干籽粒棕色或棕黑色，白脐，圆形，部分带花纹，百粒重37～41g，无光泽。中晚熟，感光性强，抗病性强，抗虫性中等，耐寒性强。

【产量表现】按栽培密度10500～15000株/hm^{2}计算，一般单季每公顷生产鲜荚10000～14000kg。

【栽培注意点】（1）长江中下游地区4月中下旬～7月上中旬均可播种。

（2）花序长，荚色亮丽，可推荐作为观赏性品种。

（3）在开花初期、花荚盛期做好豆荚螟的防治。

（苏彩霞　栾春荣　拍摄）　（撰写人：苏彩霞）

兴化红扁豆

【品种来源】兴化市李中镇。

【特征特性】植株蔓生，无限结荚习性，生长势强。紫茎色，叶绿色，叶脉紫色，叶片中等大小。紫色花序，长 15 ～ 25cm。鲜荚紫红色，镰刀形，缝线紫红色，荚长 8 ～ 11cm，宽 2 ～ 3cm，荚厚 0.5 ～ 0.8cm，每荚籽粒 3 ～ 5 个，单荚鲜重 7 ～ 9g，单株荚数 150～200个，单株鲜荚产量1.0～1.5kg，外观品质好，荚壁纤维少，口感较好。

成熟的豆荚枯黑色，干籽粒棕褐色，部分带花纹，白脐，椭圆形，百粒重48～52g，光泽度中等。中熟，感光性中等，抗病性较好，抗虫性较好，耐寒性好。

【产量表现】按栽培密度 10500 ～ 15000 株/hm^2 计算，一般单季每公顷生产鲜荚 10000 ～ 14000kg。

【栽培注意点】（1）长江中下游地区 4 月中下旬～ 7 月上中旬均可播种。

（2）花序和荚色均很亮丽，可推荐作为景观作物品种。

（3）在开花初期、花荚盛期做好豆荚螟的防治。

（苏彩霞　栾春荣　拍摄）　（撰写人：苏彩霞）

靖江红扁豆

【品种来源】 靖江市滨江新区。

【特征特性】 植株蔓生，无限结荚习性，生长势强。茎紫绿色，叶绿色，叶脉淡紫色，叶片偏大。紫红色花序，长 10 ～ 20cm。鲜荚猪耳朵形，淡紫红色，缝线紫红色，荚长 6 ～ 8cm，荚宽 2 ～ 3cm，荚厚 0.6 ～ 0.9cm，每荚籽粒 3 ～ 5 粒，单荚鲜重 6 ～ 8g，单株荚数 80 ～ 130 个，单株鲜荚产量 0.5 ～ 1.0kg。外观品质好，荚壁纤维少，口感品质好。

成熟的豆荚枯黑色，干籽粒红棕或红褐色，部分带花纹，白脐，椭圆形，百粒重 48 ～ 52g，光泽度中等。晚熟，感光性强，抗病性中等，抗虫性中等，耐寒性强。

【产量表现】 按栽培密度 10500 ～ 15000 株/hm^2 计算，一般单季每公顷生产鲜荚 12000 ～ 18000kg。

【栽培注意点】（1）长江中下游地区 6 月中下旬～ 7 月上中旬均可播种。

（2）开花初期、花荚盛期做好豆荚螟的防治。

（苏彩霞　栾春荣　拍摄）（撰写人：苏彩霞）

俞垛扁豆

【品种来源】泰州市姜堰区。

【特征特性】植株蔓生，无限结荚习性，生长势强。茎绿色，叶绿色，叶脉绿色，叶片大。红色花序，长25～35cm。鲜豆荚青白色，镰刀形，缝线青绿色，荚长7～10cm，荚宽2～3m，荚厚0.7～1.0cm，每荚籽粒3～5个，单荚鲜重6～9g，单株荚数250～300个，单株鲜荚产量2.0～2.5kg。外观品质中等，荚壁纤维中等，口感品质中等。

成熟的豆荚枯黄色，干籽粒棕色，种皮上有花纹，籽粒中等，白脐，球形，百粒重40～45g，无光泽。中晚熟，感光性强，抗病性强，抗虫性中等。

【产量表现】按栽培密度10500～15000株/hm^{2}计算，一般单季每公顷生产鲜荚23000～33000kg。

【栽培注意点】（1）长江中下游地区6月中下旬～7月上中旬均可播种。

（2）在开花初期、花荚盛期做好豆荚螟的防治。

（苏彩霞　栾春荣　拍摄）　（撰写人：苏彩霞）

1.2 苏州市

常熟早扁豆

【品种来源】常熟市。

【特征特性】植株蔓生，无限结荚习性，生长势中等。茎紫绿色，叶片绿色，叶脉绿色，叶片偏大。红色花序，长 10 ～ 20cm。鲜荚青绿带沙红色，后红色部分增加，老熟后红色又逐渐变淡，猪耳朵形，缝线紫红色，荚长 7 ～ 9cm，荚宽 2 ～ 3cm，荚厚 0.4 ～ 0.6cm，每荚籽粒 3 ～ 5 个，单荚鲜重 6 ～ 7g，单株荚数 100 ～ 150 个，单株鲜荚产量 0.6 ～ 1.0kg。外观品质中等，荚壁纤维中等，口感品质中等。

成熟的豆荚枯黄色，干籽粒棕黑色，白脐，圆形，百粒重 38 ～ 42g，无光泽。早熟，感光性中等，抗病性强，抗虫性中等。

【产量表现】按栽培密度 12000 ～ 16500 株/hm^2 计算，一般单季每公顷生产鲜荚 10000 ～ 12000kg。

【栽培注意点】（1）长江中下游地区 4 月中下旬～ 7 月上中旬均可播种。

（2）早熟品种，早春设施栽培效益更高。

（3）开花初期、花荚盛期做好豆荚螟的防治。

（苏彩霞　栾春荣　拍摄）（撰写人：苏彩霞）

常熟青扁豆

【品种来源】常熟市。

【特征特性】植株蔓生，无限结荚习性，生长势中等。茎绿色，叶绿色，叶脉绿色，叶片偏大。紫红色花序，长 15 ～ 25cm。鲜荚青绿色，镰刀形，缝线绿色，荚长 9 ～ 11cm，荚宽 2 ～ 4cm，荚厚 0.3 ～ 0.5cm，每荚籽粒 3 ～ 5 个，单荚鲜重 8 ～ 10g，单株荚数 100 ～ 150 个，单株鲜荚产量 1.0 ～ 1.5kg。外观品质中等，荚壁纤维多，口感品质差。

成熟的豆荚枯黑色，干籽粒棕黑色，部分带花纹，白脐，长扁椭圆形，百粒重 38 ～ 42g，光泽度中等。中熟，感光性中等，抗病性差，抗虫性中等。

【产量表现】按栽培密度 10500 ～ 15000 株/hm^2 计算，一般单季每公顷生产鲜荚 11000 ～ 16000kg。

【栽培注意点】（1）长江中下游地区 4 月中下旬～ 7 月上中旬均可播种。

（2）易感叶斑病，生产中要加强防治。

（3）开花初期、花荚盛期做好豆荚螟的防治。

（苏彩霞　栾春荣　拍摄）（撰写人：苏彩霞）

颜港红

【品种来源】常熟市梅李镇。

【特征特性】植株蔓生，无限结荚习性，生长势强。茎紫绿色，叶绿色，叶脉紫色，叶片中等大小。紫红色花序，长 5 ～ 15cm。鲜荚猪耳朵形，沙红色，缝线紫红色，荚长 6 ～ 8cm，荚宽 2 ～ 3cm，荚厚 0.5 ～ 0.7cm，每荚籽粒 3 ～ 5 个，单荚鲜重 5 ～ 7g，单株荚数 170 ～ 230 个，单株产量 1.0 ～ 1.5 kg。外观品质较好，荚壁纤维少，口感品质好。

成熟的豆荚枯黄色，干籽粒暗红或深褐色，部分带花纹，白脐，椭圆形，百粒重 48 ～ 52g，光泽度好。中晚熟，感光性强，抗病性强，抗虫性中等，耐寒性强。

【产量表现】按栽培密度 10500 ～ 15000 株/hm^2 计算，一般单季每公顷生产鲜荚 16000 ～ 22500kg。

【栽培注意点】（1）长江中下游地区 4 月中下旬～ 7 月上中旬均可播种。

（2）早春设施栽培时建议采用摘心打顶措施，促花促荚，效益更高。

（3）生长势强，可适当稀植。

（4）开花初期、花荚盛期做好豆荚螟的防治。

（苏彩霞　栾春荣　拍摄）　（撰写人：苏彩霞）

颜港青

【品种来源】常熟市梅李镇。

【特征特性】植株蔓生，无限结荚习性，生长势中等。茎绿紫色，叶绿色，叶脉绿色，叶片中等大小。紫红色花序，长 10 ～ 13cm。鲜荚青绿色，镰刀形，缝线绿色，荚长 9 ～ 11cm，荚宽 2 ～ 4cm，荚厚 0.5 ～ 0.7cm，每荚籽粒 3 ～ 5 个。单荚鲜重 7 ～ 9g，单株荚数 250 ～ 300 个，单株鲜荚产量 2.0 ～ 2.5kg。外观品质中等，荚壁纤维多，口感品质差。

成熟的豆荚枯黄色，干籽粒暗红或深褐色，部分带花纹，白脐，椭圆形，百粒重 44 ～ 48g，光泽度中等。中晚熟，感光性强，抗病性中等，抗虫性中等。

【产量表现】按栽培密度 10500 ～ 15000 株/hm^2 计算，一般单季每公顷生产鲜荚 23000 ～ 33000kg。

【栽培注意点】（1）长江中下游地区 4 月中下旬～ 7 月上中旬均可播种

（2）中晚熟品种，建议夏播。

（3）生长势不强，可适当密植。

（4）开花初期、花荚盛期做好豆荚螟的防治。

（苏彩霞　栾春荣　拍摄）　（撰写人：苏彩霞）

南丰白扁豆

【品种来源】张家港市南丰镇。

【特征特性】植株蔓生，无限结荚习性，生长势强。茎紫绿色，叶绿色，叶脉绿色，叶片偏大。紫色花序，长 10 ～ 20cm。鲜荚镰刀形，青绿带沙红色，缝线紫红色，荚长 7 ～ 9cm，荚宽 2 ～ 3cm，荚厚 0.7 ～ 1.0cm，每荚籽粒 3 ～ 5 个，单荚鲜重 6 ～ 8g，单株荚数 130～180个，单株鲜荚产量1.0～1.5kg。外观品质好，荚壁纤维少，口感品质好。

成熟的豆荚枯黄色，干籽粒褐或红褐色，部分带花纹，白脐，椭圆形，百粒重 45 ～ 50g，光泽度中等。中熟，感光性中等，抗病性强，抗虫性强，耐寒性强。

【产量表现】按栽培密度 10500 ～ 15000 株/hm^2 计算，一般单季每公顷生产鲜荚 12000 ～ 18000kg。

【栽培注意点】（1）长江中下游地区 4 月中下旬～ 7 月上中旬均可播种。

（2）早春栽培时，采取摘心打顶措施以促花促荚，提高效益。

（3）生长势强，可适当稀植。

（4）开花初期、花荚盛期做好豆荚螟的防治。

（苏彩霞　栾春荣　拍摄）（撰写人：苏彩霞）

南丰小白扁豆

【品种来源】张家港市南丰镇。

【特征特性】植株蔓生，无限结荚习性，生长势强。茎绿色，叶浅绿色，叶脉绿色，叶片中等大小。紫红色花序，长17～28cm。鲜荚镰刀形，青绿带沙红色，缝线紫红色，荚长7～8cm，荚宽2～3cm，荚厚0.7～1.0cm，每荚籽粒4～5个，单荚鲜重9～10g，单株荚数150～200个，单株鲜荚产量1.0～1.5kg。外观品质好，荚壁纤维少，口感品质好。

成熟的豆荚枯黑色，干籽粒棕黑色，部分带花纹，白脐，球形，百粒重43～47g，光泽度较好。晚熟，感光性强，抗病性强，抗虫性中等，耐寒性强。

【产量表现】按栽培密度10500～15000株/hm^2计算，一般单季每公顷生产鲜荚10000～16000kg。

【栽培注意点】（1）长江中下游地区4月中下旬～7月上中旬均可播种。

（2）生长势强，可适当稀植。

（3）开花初期、花荚盛期做好豆荚螟的防治。

（苏彩霞　栾春荣　拍摄）　（撰写人：苏彩霞）

塘桥紫扁豆

【品种来源】张家港市塘桥镇。

【特征特性】植株蔓生，无限结荚习性，生长势强。茎紫绿色，叶绿色，叶脉紫色，叶片偏小。粉紫色短花序，长5～15cm。鲜荚镰刀形，紫红色，缝线暗紫红色，荚长10～13cm，荚宽3～4cm，荚厚0.6～0.8cm，每荚籽粒3～5个，单荚鲜重11～13g，单株荚数50～100个，单株鲜荚产量0.5～1.0kg。外观品质中等，荚壁纤维中等，口感中等。

成熟的豆荚枯黑色，干籽粒红褐色或暗棕红色，部分带花纹，白脐，长椭圆形，百粒重44～48g，光泽度中等。晚熟，感光性强，抗病性中等，抗虫性中等，耐寒性中等。

【产量表现】按栽培密度10500～16500株/hm^2计算，一般单季每公顷生产鲜荚6000～9000kg。

【栽培注意点】（1）长江中下游地区6月中下旬～7月上中旬均可播种。

（2）品种较晚熟，种子批量收获较困难，不建议大面积推广。

（3）生长势强，可适当稀植。

（4）开花初期、花荚盛期做好豆荚螟的防治。

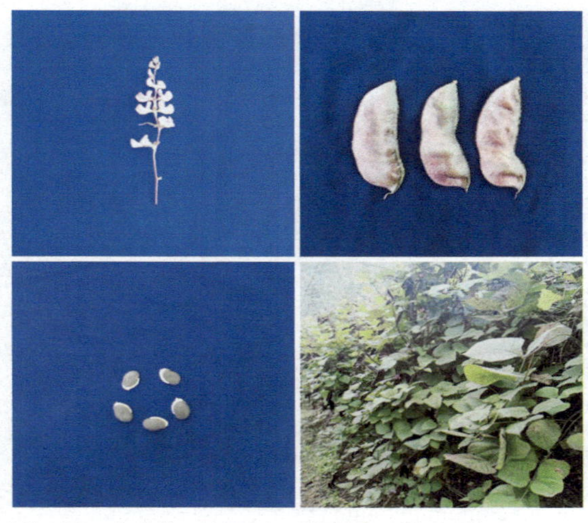

（苏彩霞　栾春荣　拍摄）　（撰写人：苏彩霞）

塘桥白扁豆

【品种来源】张家港市塘桥镇。

【特征特性】植株蔓生，无限结荚习性，生长势强。茎紫绿色，叶绿色，叶脉紫色，叶片偏大。紫红色花序，长 10 ～ 20cm。鲜荚镰刀形，青白色，缝线暗紫红色，荚长 6 ～ 8cm，荚宽 2 ～ 3cm，荚厚 0.7 ～ 0.9cm，每荚籽粒 3 ～ 5 个。单荚鲜重 6 ～ 8g，单株荚数 130 ～ 180 个，单株鲜荚产量 1.0 ～ 1.5kg。外观品质中等，荚壁纤维中等，口感品质好。

成熟的豆荚枯黄色，干籽粒棕色或深褐色，部分带花纹，白脐，椭圆形，百粒重 42 ～ 46g，光泽度中等。中晚熟，感光性强，抗病性中等，抗虫性中等，耐寒性强。

【产量表现】按栽培密度 12000 ～ 16500 株/hm^2 计算，一般单季每公顷生产鲜荚 12000 ～ 16500kg。

【栽培注意点】（1）长江中下游地区 4 月中下旬～ 7 月上中旬均可播种。

（2）中晚熟品种，建议夏播。

（3）生长势强，可适当稀植。

（4）开花初期、花荚盛期做好豆荚螟的防治。

（苏彩霞　栾春荣　拍摄）　（撰写人：苏彩霞）

同里红扁豆

【品种来源】苏州市吴江区同里镇。

【特征特性】植株蔓生，无限结荚习性，生长势强。茎紫色，叶浅绿色，叶脉紫色，叶片偏大。紫色花序，长 15 ～ 25cm。鲜荚镰刀形，紫红色，缝线紫红色，荚长 7 ～ 8cm，荚宽 2 ～ 3cm，荚厚 0.7 ～ 0.9cm，每荚籽粒 4 ～ 5 个。单荚鲜重 6 ～ 8g，单株荚数 170 ～ 250 个，单株鲜荚产量 1.3 ～ 1.8kg。外观品质好，荚壁纤维少，口感品质好。

成熟的豆荚枯黑色，干籽粒红褐或红棕色，部分带花纹，白脐，椭圆形，百粒重 45 ～ 50g，光泽好。中早熟，感光性中等，抗病性中等，抗虫性中等。

【产量表现】按栽培密度 10500 ～ 15000 株/hm^2 计算，一般单季每公顷生产鲜荚 12000 ～ 16500kg。

【栽培注意点】（1）长江中下游地区 4 月中下旬～ 7 月上中旬均可播种。

（2）中早熟品种，建议早春设施栽培效益更高。

（3）生长势强，可适当稀植。

（4）开花初期、花荚盛期做好豆荚螟的防治。

（苏彩霞　栾春荣　拍摄）　（撰写人：苏彩霞）

吴江白扁豆

【品种来源】苏州市吴江区。

【特征特性】植株蔓生，无限结荚习性，生长势中等。茎紫色，叶脉紫色，叶片中等大小。红色花序，长 19 ～ 20cm。鲜荚青绿带沙红色，镰刀形，缝线紫红色，荚长 9 ～ 10cm，荚宽 2 ～ 3cm，荚厚 0.7 ～ 1.0cm，每荚籽粒 4 ～ 5 个，单荚鲜重 7 ～ 8g，单株荚数 100 ～ 150 个，单株鲜荚产量 0.8 ～ 1.1kg。外观品质中等，荚壁纤维少，口感较好。

成熟的豆荚枯黄色，干籽粒棕黑色，白脐，圆形，百粒重 40 ～ 45g，无光泽。早熟，感光性中等，抗病性强，抗虫性中等。

【产量表现】按栽培密度 12000 ～ 16500 株/hm^2 计算，一般单季每公顷生产鲜荚 11000 ～ 14000kg。

【栽培注意点】（1）长江中下游地区 4 月中下旬～ 7 月上中旬均可播种。

（2）生长势不强，可适当密植。

（3）开花初期、花荚盛期做好豆荚螟的防治。

（苏彩霞　栾春荣　拍摄）　（撰写人：苏彩霞）

阔扁豆

【品种来源】苏州市吴江区。

【特征特性】植株蔓生，无限结荚习性，生长繁茂。茎紫色，叶片绿色，叶脉紫色，叶片中等大小。红色花序，长 15 ～ 25cm。鲜荚猪耳朵形，朱红色，缝线深紫红色，荚长 7 ～ 9cm，荚宽 3 ～ 4cm，荚厚 0.8 ～ 1.1cm，每荚籽粒 3 ～ 5 个，单荚鲜重 11 ～ 12g。单株荚数 70 ～ 120 个，单株产量 0.5 ～ 1.0kg。外观品质好，荚壁纤维少，口感品质好。

成熟的豆荚枯黑色，干籽粒棕色或棕黑色，较大，白脐，圆形，百粒重 43 ～ 48g，无光泽。中晚熟，感光性强，抗病性强，抗虫性强，耐寒性强。

【产量表现】按栽培密度 10500 ～ 15000 株/hm^2 计算，一般单季每公顷生产鲜荚 8000 ～ 10000kg。

【栽培注意点】（1）长江中下游地区 4 月中下旬～ 7 月上中旬均可播种。

（2）早春设施栽培，效益更高。

（3）开花初期、花荚盛期做好豆荚螟的防治。

（苏彩霞　栾春荣　拍摄）　（撰写人：苏彩霞）

吴江同里扁豆

【品种来源】苏州市吴江区同里镇。

【特征特性】植株蔓生，无限结荚习性，生长繁茂。茎紫色，叶片绿色，叶脉紫色，叶片中等大小。红色花序，长15～25cm。鲜豆荚镰刀形，紫红色，缝线紫红色，鲜荚长6～7cm，宽1～2cm，荚厚0.6～0.8cm，每荚籽粒3～5个，单荚鲜重4～6g，单株荚数120～180个，单株鲜荚产量0.5～1.0kg。外观品质好，荚壁纤维少，口感较好。

成熟的豆荚枯黑色，干籽粒棕黑色，部分带虎皮花纹，白脐，圆形，百粒重37～42g，光泽度中等。晚熟，感光性强，抗病性中等，易感叶斑病，抗虫性强。

【产量表现】按栽培密度10500～15000株/hm^2计算，一般单季每公顷生产鲜荚7000～10000kg。

【栽培注意点】（1）长江中下游地区6月中下旬～7月上中旬均可播种。

（2）晚熟品种，建议夏播栽培效益更高。

（3）生长势强，可适当稀植。

（4）开花初期、花荚盛期做好豆荚螟的防治。

（苏彩霞　栾春荣　拍摄）　（撰写人：苏彩霞）

太仓紫扁豆

【品种来源】太仓市璜泾镇。

【特征特性】植株蔓生，无限结荚习性，生长势强。茎紫色，叶绿色，叶脉紫色，叶片中等大小。紫红色花序，长 10 ～ 13cm。鲜荚镰刀形，紫红色，缝线紫红色，荚长 7 ～ 9cm，荚宽 2 ～ 3cm，荚厚 0.6 ～ 0.8cm，每荚籽粒 3 ～ 5 个，单荚鲜重 6 ～ 8g，单株荚数 100 ～ 150 个，单株产量 0.5 ～ 1.0kg。外观品质好，荚壁纤维少，口感品质好。

成熟的豆荚枯黑色，干籽粒红褐或红棕色，部分带花纹，白脐，椭圆形，百粒重 45 ～ 50g，光泽度中等。中晚熟，感光性中等，抗病性中等，抗虫性中等，耐寒性强。

【产量表现】按栽培密度 10500 ～ 15000 株/hm^2 计算，一般单季每公顷生产鲜荚 7200 ～ 9000kg。

【栽培注意点】（1）长江中下游地区 6 月中下旬～ 7 月上中旬均可播种。

（2）中晚熟品种，建议夏播栽培。

（3）不耐湿，叶斑病重，生长过程中要注意防涝防病。

（4）开花初期、花荚盛期做好豆荚螟的防治。

（苏彩霞　栾春荣　拍摄）　（撰写人：苏彩霞）

璜泾青扁豆

【品种来源】太仓市璜泾镇。

【特征特性】植株蔓生，无限结荚习性，生长势强。茎紫绿色，叶绿色，叶脉绿色，叶片偏大。紫红色花序，长 15 ～ 25cm。鲜荚镰刀形，青白带淡红色，未见光部分无红色，老熟后变红色褪去，变为青白色，缝线暗红色，荚长 6 ～ 8cm，荚宽 2 ～ 3cm，荚厚 0.7 ～ 0.9cm，每荚籽粒 3 ～ 5 个，单荚鲜重 5 ～ 7g，单株荚数 100 ～ 150 个，单株鲜荚产量 0.6 ～ 1.0kg。外观品质好，荚壁纤维少，口感品质好。

成熟的豆荚枯黄色，干籽粒红褐或红棕色，部分带花纹，白脐，椭圆形，百粒重 40 ～ 45g，光泽中等。中晚熟，感光性强，抗病性中等，抗虫性中等，耐寒性强。

【产量表现】按栽培密度 10500 ～ 15000 株/hm^2 计算，一般单季每公顷生产鲜荚 10000 ～ 12000kg。

【栽培注意点】（1）长江中下游地区 4 月中下旬～ 7 月上中旬均可播种。

（2）中晚熟品种，建议秋播栽培。

（3）生长势强，可适当稀植。

（4）开花初期、花荚盛期做好豆荚螟的防治。

（5）生产过程中，做好清沟理墒、防涝防渍工作。

（苏彩霞　栾春荣　拍摄）　（撰写人：苏彩霞）

1.3 南京市

苏扁2号

【品种来源】 由江苏省农科院经济作物研究所选育。

【特征特性】 植株蔓生，无限结荚习性，生长势中等。茎绿色，叶脉绿色，叶片绿色，中等大小。红色花序，长 10 ～ 20cm。鲜荚镰刀形，缝线紫色，荚色青白，荚长 7 ～ 9cm，荚宽 2 ～ 3cm，荚厚 0.5 ～ 0.7cm，每荚籽粒 3 ～ 5 个，单荚鲜重 5 ～ 7g，单株荚数 100 ～ 150 个，单株鲜荚产量 0.7 ～ 1.0kg。外观品质好，荚壁纤维中等，口感品质中等。

成熟的豆荚枯黄色，干籽粒棕黑色，白脐，圆形，百粒重 37 ～ 41g，光泽度中等。早熟，感光性弱，抗病性强，抗虫性中等。

【产量表现】 按栽培密度 12000 ～ 16500 株/hm^2 计算，一般单季每公顷生产鲜荚 9000 ～ 12000kg。

【栽培注意点】（1）长江中下游地区 4 月中下旬～ 7 月上中旬均可播种。

（2）生长势不强，可适当密植。

（3）开花初期、花荚盛期要做好豆荚螟的防治。

（顾和平　刘晓庆　拍摄）　（撰写人：江苏省农科院经济作物研究所　陈新）

苏扁4号

【品种来源】由江苏省农科院以常州红绣鞋为亲本系统选育而成。

【特征特性】植株蔓生，无限结荚习性，生长势中等。茎紫绿色，叶绿色，叶脉紫色，叶片中等大小。红色花序，长15～25cm。鲜荚镰刀形，沙红带绿色，缝线紫红色，荚长7～9cm，荚宽2～3cm，荚厚0.5～0.8cm，每荚籽粒3～5个，单荚鲜重5～7g，单株荚数200～250个，单株产量0.8～1.3kg。外观品质中等，荚壁纤维中等，口感品质中等。

成熟的豆荚枯黄色，干籽粒黑色，白脐，圆形，百粒重33～37g，光泽度中等。早熟，感光性弱，抗病性强，抗虫性中等。

【产量表现】按栽培密度12000～16500株/hm^2计算，一般单季每公顷生产鲜荚13000～18000kg。

【栽培注意点】（1）长江中下游地区4月中下旬～7月上中旬均可播种。

（2）早熟品种，早春设施栽培效益更高。

（3）开花初期、花荚盛期做好豆荚螟的防治。

（顾和平　刘晓庆　拍摄）　（撰写人：陈新）

苏扁5号

【品种来源】 由江苏省农科院经济作物研究所选育。母本：边红3号。父本：江宁大扁豆。

参试品种名称：特优2号。

【特征特性】 植株蔓生，无限结荚习性，生长势中等。茎紫绿色，叶片绿色，偏小，叶脉紫色。红色花序长15～25cm。鲜荚镰刀形，青绿带沙红，缝线暗紫色。荚长7～9cm，荚宽2～3cm，荚厚0.7～0.9cm，每荚籽粒3～5个，单荚鲜重5～7g，单株荚数200～250个，单株鲜荚产量0.8～1.2kg。外观品质中等，荚壁纤维中等，口感品质中等。

成熟的豆荚枯黄色，干籽粒黑色，白脐，圆形，百粒重30～35g，光泽中等。中熟，感光性中等，抗病性强，抗虫性差。

【产量表现】 按栽培密度12000～16500株/hm^2计算，一般单季每公顷生产鲜荚10000～12000kg。

【栽培注意点】（1）长江中下游地区4月中下旬～7月上中旬均可播种。

（2）生长势不强，可适当密植。

（3）开花初期、花荚盛期做好豆荚螟的防治。

（顾和平　刘晓庆　拍摄）　（撰写人：陈新）

苏红扁3号

【品种来源】由江苏省农科院经济作物研究所选育。

【特征特性】植株蔓生，无限结荚习性，生长势中等。茎紫色，叶脉紫色，绿色叶片，偏大。紫红色花序，长10～20cm。鲜荚镰刀形，缝线紫红色，荚色青绿带沙红，未见光部分不带红色。荚长5～7cm，荚宽2～3cm，荚厚0.5～0.7cm，每荚籽粒2～3个，单荚鲜重4～6g，单株荚数150～200个，单株鲜荚产量0.8～1.3kg。外观品质中等，口感品质差，荚壁纤维多。

成熟的豆荚枯黄色，干籽粒黑色，白脐，球形，百粒重35～40g，光泽度中等。早熟，感光性中等，抗病性强，抗虫性中等。

【产量表现】按栽培密度12000～16500株/hm^2计算，一般单季每公顷生产鲜荚12000～16500kg。

【栽培注意点】（1）长江中下游地区4月中下旬～7月上中旬均可播种。

（2）生长势不强，可适当密植。

（3）开花初期、花荚盛期要做好豆荚螟的防治。

（顾和平　刘晓庆　拍摄）　（撰写人：陈新）

春扁豆3号

【品种来源】南京市玄武区。

【特征特性】植株蔓生，无限结荚习性，生长势中等。茎绿紫色，叶片绿色，稍大，叶脉绿色。红色花序，长10～20cm。鲜荚青白色，镰刀形，缝线绿色，荚长7～8cm，荚宽2～3cm，荚厚0.5～0.7cm，每荚籽粒3～5个，单荚鲜重5～7g，单株荚数130～160个，单株鲜荚产量0.7～1.0kg。外观品质好，荚壁纤维多，口感品质差。

成熟的豆荚枯黄色，干籽粒黑色，较大，白脐，圆形，百粒重41g，无光泽。早熟，感光性弱，抗病性强，抗虫性中等。

【产量表现】按栽培密度12000～16500株/hm^2计算，一般单季每公顷生产鲜荚9000～12000kg。

【栽培注意点】（1）长江中下游地区4月中下旬～7月上中旬均可播种。

（2）早熟性品种，建议早春设施栽培效益更高。

（3）生长势不强，可适当密植。

（4）开花初期、花荚盛期要做好豆荚螟的防治。

（顾和平　刘晓庆　拍摄）　（撰写人：陈新）

早扁豆 B7

【品种来源】南京市玄武区。

【特征特性】植株蔓生，无限结荚习性，生长势中等。茎绿紫色，叶片绿色，中等大小，叶脉绿色。红色花序，长 15 ～ 25cm。鲜荚青白色，镰刀形，缝线绿色，荚长 7 ～ 9cm，荚宽 2 ～ 3cm，荚厚 0.4 ～ 0.6cm，每荚籽粒 3 ～ 5 个，单荚鲜重 5 ～ 7g。单株荚数 90 ～ 120 个，单株鲜荚产量 0.6 ～ 0.8kg。外观品质中等，荚壁纤维多，口感品质差。

成熟的豆荚枯黄色，干籽粒棕色或黑色，较大，白脐，圆形，百粒重 37.5g，光泽度中等。早熟，感光性弱，抗病性强，抗虫性中等。

【产量表现】按栽培密度 12000 ～ 16500 株/hm^2 计算，一般单季每公顷生产鲜荚 8400 ～ 11500kg。

【栽培注意点】（1）长江中下游地区 4 月中下旬～ 7 月上中旬均可播种。

（2）生长势不强，可适当密植。

（3）开花初期、花荚盛期要做好豆荚螟的防治。

（顾和平　刘晓庆　拍摄）　（撰写人：陈新）

春扁豆2号

【品种来源】南京市玄武区。

【特征特性】植株蔓生，无限结荚习性，生长势中等。茎紫绿色，叶片浅绿色，中等大小，叶脉紫色。红色花序，长10～20cm。鲜荚青绿带沙红色，镰刀形，缝线紫红色，荚长9～11cm，荚宽2～3cm，荚厚0.4～0.6cm，每荚籽粒3～5个，单荚鲜重6～9g，单株荚数100～150个，单株鲜荚产量0.5～0.8kg。外观品质中等，荚壁纤维中等，口感品质中等。

成熟的豆荚枯黄色，干籽粒黑色，白脐，圆形，百粒重30～35g，光泽中等。早熟，感光性弱，抗病性差，抗虫性中等。

【产量表现】按栽培密度12000～16500株/hm^{2}计算，一般单季每公顷生产鲜荚8000～10000kg。

【栽培注意点】（1）长江中下游地区4月中下旬～7月上中旬均可播种。

（2）建议早春设施栽培效益更高。

（3）生长势不强，可适当密植。

（4）开花初期、花荚盛期做好豆荚螟的防治。

（顾和平　刘晓庆　拍摄）　（撰写人：陈新）

春扁豆8号

【品种来源】南京市玄武区。

【特征特性】植株蔓生，无限结荚习性，生长势中等。茎紫绿色，叶片绿色，中等大小，叶脉紫色。紫红色花序，长20～30cm。鲜荚沙红色，镰刀形，缝线紫红色。荚长7～9cm，荚宽2～3cm，荚厚0.5～0.7cm，每荚籽粒3～5个，单荚鲜重6～8g，单株荚数150～200个，单株鲜荚产量0.8～1.2kg。外观品质好，荚壁纤维中等，口感品质中等。

成熟的豆荚枯黄色，干籽粒黑色，白脐，圆形，百粒重30～35g，光泽度中等。早熟，感光性中等，抗病性强，抗虫性中等。

【产量表现】按栽培密度12000～16500株/hm^2计算，一般单季每公顷生产鲜荚10000～12000kg。

【栽培注意点】（1）长江中下游地区4月中下旬～7月上中旬均可播种。

（2）生长势不强，可适当密植。

（3）开花初期、花荚盛期做好豆荚螟的防治。

（顾和平　刘晓庆　拍摄）　（撰写人：陈新）

特优54

【品种来源】 南京市玄武区。

【特征特性】 植株蔓生，无限结荚习性，生长势中等。茎紫色，叶片绿色，偏小，叶脉紫色。红色花序，长15～25cm。鲜荚沙红色，镰刀形，缝线紫红色，荚长7～9cm，荚宽2～3cm，荚厚0.7～0.8cm，每荚籽粒3～5个，单荚鲜重4～6g。单株荚数150～200个，单株鲜荚产量0.8～1.2kg。外观品质好，荚壁纤维中等，口感品质中等。

成熟的豆荚枯黄色，干籽粒黑色，白脐，圆形，百粒重30～35g，光泽中等。早熟，感光性弱，抗病性强，抗虫性中等。

【产量表现】 按栽培密度12000～16500株/hm^2计算，一般单季每公顷生产鲜荚10000～12000kg。

【栽培注意点】（1）长江中下游地区4月中下旬～7月上中旬均可播种。

（2）建议早春设施栽培效益更高。

（3）生长势不强，可适当密植。

（4）开花初期、花荚盛期做好豆荚螟的防治。

（顾和平　刘晓庆　拍摄）　（撰写人：陈新）

边红6号

【品种来源】南京市玄武区。

【特征特性】植株蔓生，无限结荚习性，生长势中等。茎紫绿色，叶片浅绿色，中等大小，叶脉紫色。红色花序，长 10 ～ 20cm。鲜荚青绿带沙红，镰刀形，缝线紫红色，荚长 8 ～ 10cm，宽 2 ～ 3cm，荚厚 0.6 ～ 0.8cm，每荚籽粒 3 ～ 5 个，单荚鲜重 7 ～ 9g，单株荚数 150 ～ 200 个，单株鲜荚产量 0.8 ～ 1.2kg。外观品质好，荚壁纤维中等，口感品质中等。

成熟的豆荚枯黄色，干籽粒黑色或棕黑色，白脐，圆形，百粒重 30 ～ 35g，光泽中等。早熟，感光性中等，抗病性强，抗虫性中等。

【产量表现】按栽培密度 12000 ～ 16500 株/hm^2 计算，一般单季每公顷生产鲜荚 10000 ～ 12000kg。

【栽培注意点】（1）长江中下游地区 4 月中下旬～ 7 月上中旬均可播种。

（2）早熟性品种，建议早春设施栽培效益更高。

（3）生长势不强，可适当密植。

（4）开花初期、花荚盛期做好豆荚螟的防治。

（顾和平　刘晓庆　拍摄）　（撰写人：陈新）

苏武穴1号

【品种来源】南京市玄武区。

【特征特性】植株蔓生，无限结荚习性，生长中等。茎绿紫色，叶片绿色，偏大，叶脉绿色。红色花序，长15～25cm。鲜荚青白色，镰刀形，缝线绿色。荚长8～10cm，荚宽2～3cm，荚厚0.4～0.6cm，每荚籽粒3～5个，单荚鲜重6～8g。单株荚数180～230个，单株鲜荚产量1.0～1.5kg。外观品质中等，荚壁纤维中等，口感品质中等。

成熟的豆荚枯黄色，干籽粒黑色，白脐，长圆形，百粒重37～42g，光泽度中等。早熟，感光性中等，抗病性强，抗虫性一般。

【产量表现】按栽培密度12000～16500株/hm^{2}计算，一般单季每公顷生产鲜荚15000～20000kg。

【栽培注意点】（1）长江中下游地区4月中下旬～7月上中旬均可播种。

（2）生长势不强，可适当密植。

（3）开花初期、花荚盛期做好豆荚螟的防治。

（顾和平　刘晓庆　拍摄）　（撰写人：陈新）

汤山扁豆

【品种来源】南京市江宁区。

【特征特性】植株蔓生，无限结荚习性，生长势中等。茎紫色，绿色叶片，稍大，叶脉紫色。红色花序，长 10 ～ 20cm。鲜荚沙红色（未见光部分绿色），成熟后期红色部分逐渐退去变为白色，镰刀形，缝线紫红色，荚长 5 ～ 7cm，荚宽 2 ～ 3cm，荚厚 0.5 ～ 0.7cm，每荚籽粒 3 ～ 5 个，单荚鲜重 4 ～ 6g。单株荚数 170 ～ 220 个，单株鲜荚产量 0.8 ～ 1.3kg。外观品质中等，荚壁纤维多，口感品质差。

成熟的豆荚枯黄色，干籽粒黑色，白脐，圆形，百粒重 35 ～ 40g，光泽度中等。早熟，感光性弱，抗病性好，抗虫性好。

【产量表现】按栽培密度 12000 ～ 16500 株/hm^2 计算，一般单季每公顷生产鲜荚 12000 ～ 16500kg。

【栽培注意点】（1）长江中下游地区 4 月中下旬～ 7 月上中旬均可播种。

（2）生长势不强，可适当密植。

（3）开花初期、花荚盛期做好豆荚螟的防治。

（顾和平　刘晓庆　拍摄）（撰写人：陈新）

优选红扁豆

【品种来源】南京市江宁区。

【特征特性】植株蔓生，无限结荚习性，生长势强。茎紫绿色，绿色叶片，中等大小，叶脉紫色。红色花序，长 20 ～ 30cm。鲜荚亮紫色，后变为深紫色，镰刀形，缝线暗紫色，荚长 7 ～ 9cm，荚宽 2 ～ 3cm，荚厚 0.7 ～ 0.9cm，每荚籽粒 3 ～ 5 个，单荚鲜重 7 ～ 9g，单株荚数 100 ～ 150 个，单株鲜荚产量 0.8 ～ 1.3kg。外观品质好，荚壁纤维少，口感品质好。

成熟的豆荚枯黑色，干籽粒黑色，白脐，圆形，百粒重 32 ～ 36g，光泽度中等。中熟，感光性中等，抗病性强，抗虫性好，耐寒性强。

【产量表现】按栽培密度 10500 ～ 15000 株/hm^2 计算，一般单季每公顷生产鲜荚 10000 ～ 15000kg。

【栽培注意点】（1）长江中下游地区 4 月中下旬～ 7 月上中旬均可播种。

（2）可采用摘心打顶措施，促花促荚，在早春设施栽培，以提高效益。

（3）生长势强，不宜密植。

（4）开花初期、花荚盛期做好豆荚螟的防治。

（顾和平　刘晓庆　拍摄）　（撰写人：陈新）

江宁大扁豆

【品种来源】南京市江宁区。

【特征特性】植株蔓生，无限结荚习性，生长势中等。茎紫绿色，叶片绿色，稍大，叶脉紫色。紫红色花序，长 20 ～ 30cm。鲜荚青绿带沙红色，后期红色逐渐增加，镰刀形，缝线紫红色，荚长 7 ～ 9cm，荚宽 2 ～ 3cm，荚厚 0.4 ～ 0.6cm，每荚籽粒 3 ～ 5 个，单荚鲜重 5 ～ 7g。单株荚数 250 ～ 300 个，单株鲜荚产量 1.8 ～ 2.1kg。外观品质中等，荚壁纤维中等，口感品质中等。

成熟的豆荚枯黄色，干籽粒棕黑色，部分带花纹，白脐，圆形，百粒重 40 ～ 45g，光泽度中等。中晚熟，感光性强，抗病性强，抗虫性中等。

【产量表现】按栽培密度 12000 ～ 16500 株/hm^2 计算，一般单季每公顷生产鲜荚 24000 ～ 33000kg。

【栽培注意点】（1）长江中下游地区 6 月中下旬～ 7 月上中旬均可播种。

（2）中晚熟品种，建议夏播。

（3）开花初期、花荚盛期做好豆荚螟的防治。

（顾和平　刘晓庆　拍摄）　（撰写人：陈新）

1.4 盐城市

阔扁豆-1

【品种来源】东台市东台镇。

【特征特性】植株蔓生，无限结荚习性，生长势强。茎紫绿色，叶绿色，叶脉紫色，叶片大小中等。粉紫色花序，长 5 ～ 15cm。鲜豆荚朱红色（老熟后颜色逐渐加深），猪耳朵形，缝线暗紫色，荚长 7 ～ 9cm，荚宽 2 ～ 3cm，荚厚 0.6 ～ 0.8cm，每荚籽粒 3 ～ 5 个，单荚鲜重 5 ～ 7g，单株荚数 100 ～ 150 个，单株鲜荚产量 0.6 ～ 1.0kg。外观品质好，荚壁纤维少，口感品质好。

成熟的豆荚枯黑色，干籽粒棕黑色，部分带花纹，白脐，圆形，百粒重 48 ～ 52g，光泽度中等。中熟，感光性中等，抗病性强，抗虫性强，耐寒性强。

【产量表现】按栽培密度 10500 ～ 15000 株/hm^2 计算，一般单季每公顷生产鲜荚 8000 ～ 12000kg。

【栽培注意点】（1）长江中下游地区 4 月中下旬～ 7 月上中旬均可播种。

（2）建议早春设施栽培效益更高。

（3）开花初期、花荚盛期做好豆荚螟的防治。

（苏彩霞　栾春荣　拍摄）　（撰写人：苏彩霞）

羊角豆

【品种来源】 东台市东台镇。

【特征特性】 植株蔓生，无限结荚习性，生长势强。茎紫绿色，叶色浅绿，叶脉紫红色，叶片偏大。粉紫色花序，长 10 ～ 20cm。鲜豆荚青绿带沙红色（不见光部分红色较少），长镰刀形，缝线红色，荚长 12 ～ 15cm，荚宽 2 ～ 3cm，荚厚 0.5 ～ 0.7cm，每荚籽粒 3 ～ 6 个，单荚鲜重 9 ～ 12g，单株荚数 80 ～ 130 个，单株鲜荚产量 0.5 ～ 1.0kg。外观品质中等，荚壁纤维多，口感品质差。

成熟的豆荚枯黄色，干籽粒黑色，部分带花纹，白脐，椭圆形，百粒重 45 ～ 50g，光泽度中等。中熟，感光性中等，抗病性强，抗虫性中等。

【产量表现】 按栽培密度 10500 ～ 15000 株/hm^2 计算，一般单季每公顷生产鲜荚 8000 ～ 11000kg。

【栽培注意点】（1）长江中下游地区 4 月中下旬～ 7 月上中旬均可播种，

（2）开花初期、花荚盛期做好豆荚螟的防治。

（苏彩霞　栾春荣　拍摄）（撰写人：苏彩霞）

下灶扁豆

【品种来源】 东台市安丰镇。

【特征特性】 植株蔓生，无限结荚习性，生长势强。茎紫绿色，叶绿色，叶脉紫色，叶片大小中等。紫红色中长花序，长 15 ～ 25cm。鲜荚青白色，镰刀形，缝线紫红色，荚长 6 ～ 8cm，荚宽 2 ～ 3cm，荚厚 0.8 ～ 1.1cm，每荚籽粒 3 ～ 5 个，单荚鲜重 5 ～ 8g，单株荚数 130 ～ 180 个，单株鲜荚产量 1.0 ～ 1.4kg。外观品质中等，荚壁纤维少，口感品质好。

成熟的豆荚枯黄色，干籽粒棕褐或深褐色，部分带花纹，白脐，圆形，百粒重 42 ～ 46g，光泽度中等。中熟，感光性中等，抗病性强，抗虫性强。

【产量表现】 按栽培密度 10500 ～ 15000 株/hm^2 计算，一般单季每公顷生产鲜荚 10000 ～ 15000kg。

【栽培注意点】（1）长江中下游地区 4 月中下旬～ 7 月上中旬均可播种。

（2）建议采用摘心打顶措施，早春设施栽培效益更高。

（3）开花初期、花荚盛期做好豆荚螟的防治。

（苏彩霞　栾春荣　拍摄）　（撰写人：苏彩霞）

东台红扁豆

【品种来源】 东台市东台镇。

【特征特性】 植株蔓生，无限结荚习性，生长势强。茎紫色，叶浅绿色，叶脉紫色，叶片中等大小。紫红色花序，长 9 ～ 12cm。鲜豆荚镰刀形，紫红色，缝线紫红色，荚长 7 ～ 9cm，荚宽 1.5 ～ 2.5cm，荚厚 0.5 ～ 0.8cm，每荚籽粒 3 ～ 5 个，单荚鲜重 5 ～ 7g，单株荚数 80 ～ 130 个，单株鲜荚产量 0.5 ～ 0.9kg。外观品质好，荚壁纤维少，口感好。

成熟的豆荚枯黑色，干籽粒红棕或红褐色，部分带花纹，白脐，椭圆形，百粒重 44 ～ 48g，光泽度中等。中晚熟，感光性强，抗病性强，抗虫性差。

【产量表现】 按栽培密度 10500 ～ 15000 株/hm^2 计算，一般单季每公顷生产鲜荚 7000 ～ 10000kg。

【栽培注意点】（1）长江中下游地区 6 月中下旬～ 7 月上中旬均可播种。

（2）开花初期、花荚盛期做好豆荚螟的防治。

（苏彩霞　栾春荣　拍摄）（撰写人：苏彩霞）

老娘耳扁豆

【品种来源】东台市溱东镇。

【特征特性】植株蔓生，无限结荚习性，生长势强。茎紫绿色，叶色绿，叶脉淡紫色，叶片中等大小。紫红色花序，长10～20cm。鲜豆荚青绿色，稍带沙红，猪耳朵形，缝线紫红色，鲜荚长7～9cm，荚宽2～3cm，荚厚0.6～0.8cm，每荚籽粒3～5个，单荚鲜重7～9g，单株荚数150～200个，单株鲜荚产量1.2～1.7kg。外观品质好，荚壁纤维少，口感品质好。

成熟的豆荚枯黑色，干籽粒红棕或红褐色，部分带花纹，白脐，椭圆形，百粒重54～58g，光泽度中等。中晚熟，感光性强，抗病性较好，抗虫性中等，耐寒性差。

【产量表现】按栽培密度10500～15000株/hm^2计算，一般单季每公顷生产鲜荚12000～18000kg。

【栽培注意点】（1）长江中下游地区6月中下旬～7月上中旬均可播种。

（2）可以探索早春设施栽培，提高效益。

（3）嫩荚肉质厚，不耐寒，在霜冻前需及时采摘。

（4）开花初期、花荚盛期要做好豆荚螟的防治。

（苏彩霞　栾春荣　拍摄）　（撰写人：苏彩霞）

东台黑扁豆

【品种来源】东台市经济开发区。

【特征特性】植株蔓生，无限结荚习性，生长弱。茎紫绿色，叶绿色，叶脉淡紫色，叶片中等大小。紫红色花序，长15～25cm。鲜豆荚朱红色，老熟后变为黑色，猪耳朵形，缝线紫红色，荚长6～8cm，荚宽2～3cm，荚厚0.5～0.7cm，每荚籽粒3～5个，单荚鲜重5～7g，单株荚数50～100个，单株产量0.5～0.7kg。外观品质好，荚壁纤维少，口感较好。

成熟的豆荚枯黑色，干籽粒红褐色或暗红色，部分带花纹，白脐，椭圆形，百粒重45～50g，光泽度好。中晚熟，感光性强，抗病性强，抗虫性强，耐寒性强。

【产量表现】按栽培密度12000～16500株/hm^{2}计算，一般单季每公顷生产鲜荚7000～10000kg。

【栽培注意点】（1）长江中下游地区4月中下旬～7月上中旬均可播种。

（2）建议采用摘心打顶等措施早春设施栽培，效益更高。

（3）开花初期、花荚盛期要做好豆荚螟的防治。

（苏彩霞　栾春荣　拍摄）（撰写人：苏彩霞）

东台红扁豆

【品种来源】东台市。

【特征特性】植株蔓生，无限结荚习性，生长势强。茎紫色，叶绿色，叶脉紫色，叶片偏大。紫红色花序，长 20 ～ 35cm。鲜荚镰刀形，紫红色，缝线紫红色，荚长 7 ～ 9cm，荚宽 2 ～ 3cm，荚厚 0.8 ～ 1.2cm，每荚籽粒 3 ～ 5 个，单荚鲜重 7 ～ 9g，单株荚数 70 ～ 150 个，单株鲜荚产量 0.7 ～ 1.2kg。外观品质好，荚壁纤维少，口感品质优。

成熟的豆荚枯黑色，干籽粒棕黑色，白脐，圆形，百粒重 42 ～ 46g，无光泽。晚熟，感光性强，抗病性强，抗虫性差，耐寒性强。

【产量表现】按栽培密度 10500 ～ 15000 株/hm^2 计算，一般单季每公顷生产鲜荚 8000 ～ 12000kg。

【栽培注意点】（1）长江中下游地区 6 月中下旬～ 7 月上中旬均可播种。

（2）花序长，荚色艳丽，可推荐作为观赏性品种。

（3）开花初期、花荚盛期做好豆荚螟的防治。

（苏彩霞　栾春荣　拍摄）　（撰写人：苏彩霞）

阜宁紫扁豆

【品种来源】阜宁县新沟镇。

【特征特性】植株蔓生，无限结荚习性，生长势强。茎紫色，叶绿色，叶脉紫色，叶片偏小。紫红色花序，长10～20cm。鲜豆荚紫红色，后期颜色加深，变为深紫色，镰刀形，缝线暗紫红色，荚长6～8cm，荚宽2～3cm，荚厚0.6～0.8cm，每荚籽粒3～5个，单荚鲜重5～8g，单株荚数50～100个，单株鲜荚产量0.5～0.8kg。外观品质好，荚壁纤维少，口感品质好。

成熟的豆荚枯黑色，干籽粒暗棕色或褐色，部分带花纹，白脐，圆形，百粒重42～46g，光泽度中等。中晚熟，感光性强，抗病性强，抗虫性强，耐寒性强。

【产量表现】按栽培密度10500～15000株/hm^2计算，一般单季每公顷生产鲜荚6000～8000kg。

【栽培注意点】（1）长江中下游地区6月中下旬～7月上中旬均可播种。

（2）开花初期、花荚盛期做好豆荚螟的防治。

（苏彩霞　栾春荣　拍摄）　（撰写人：苏彩霞）

大刀片扁豆

【品种来源】阜宁县三灶镇。

【特征特性】植株蔓生，无限结荚习性，生长势强。茎绿色，叶色绿，叶脉绿色，叶片中等大小。白色花序，长 5 ～ 15cm。鲜荚长镰刀形，青白色，缝线青绿色，荚长 11 ～ 15cm，荚宽 2 ～ 3cm，荚厚 0.5 ～ 0.8cm，每荚籽粒 3 ～ 5 个，单荚鲜重 8 ～ 11g，单株荚数 80 ～ 150 个，单株鲜荚产量 0.8 ～ 1.5kg。外观品质中等，荚壁纤维多，口感品质差。

成熟的豆荚枯黄色，干籽粒红棕或亮棕色，部分带花纹，白脐，长椭圆形，百粒重 44 ～ 48g，光泽度好。晚熟，感光性强，抗病性强，抗虫性差。

【产量表现】按栽培密度 10500 ～ 15000 株/hm^2 计算，一般单季每公顷生产鲜荚 10000 ～ 15000kg。

【栽培注意点】（1）长江中下游地区 6 月中下旬～ 7 月上中旬均可播种。

（2）耐寒性差，在霜冻前需及时采摘。

（3）开花初期、花荚盛期做好豆荚螟的防治。

（苏彩霞　栾春荣　拍摄）　（撰写人：苏彩霞）

大丰白花扁豆

【品种来源】 大丰区。

【特征特性】 植株蔓生，无限结荚习性，生长势强。茎绿色，叶绿色，叶脉绿色，叶片中等大小。白色花序，长 5 ～ 15cm。鲜荚青绿色，镰刀形，缝线青绿色，荚长 8 ～ 11cm，荚宽 2 ～ 3cm，荚厚 0.7 ～ 1.0cm，每荚籽粒 3 ～ 5 个，单荚鲜重 7 ～ 9g，单株荚数 50 ～ 100 个，单株鲜荚产量 0.5 ～ 0.9kg。外观品质中等，荚壁纤维中等，口感品质差。

成熟的豆荚枯黄色，干籽粒红棕色或棕黑色，部分带花纹，白脐，椭圆形，百粒重 40 ～ 44g，光泽度好。晚熟，感光性强，抗病性差，抗虫性差，耐寒性差。

【产量表现】 按栽培密度 10500 ～ 15000 株/hm^2 计算，一般单季每公顷生产鲜荚 6000 ～ 9000kg。

【栽培注意点】（1）长江中下游地区 6 月中下旬～ 7 月上中旬均可播种。

（2）耐寒性差，在霜冻前需及时采摘。

（3）开花初期、花荚盛期做好豆荚螟的防治。

（苏彩霞　栾春荣　拍摄）　（撰写人：苏彩霞）

大丰白扁豆

【品种来源】大丰区。

【特征特性】植株蔓生，无限结荚习性，生长势强。茎绿色，叶绿色，叶脉绿色，叶片中等大小，白色花序，长15～25cm。鲜豆荚镰刀形，青白色，缝线青绿色，鲜荚长9～11cm，荚宽2～3cm，荚厚0.5～0.8cm，每荚籽粒3～5个，单荚鲜重6～8g，单株荚数100～150个，单株鲜荚产量0.7～1.2kg。外观品质差，荚壁纤维多，口感品质差。

成熟的豆荚枯黄色，干籽粒红棕色，较大，白脐，球形，百粒重42～46g，光泽度好。中熟，感光性中等，抗病性强，抗虫性中等。

【产量表现】按栽培密度10500～15000株/hm^2计算，一般单季每公顷生产鲜荚8000～10000kg。

【栽培注意点】（1）长江中下游地区4月中下旬～7月上中旬均可播种。

（2）开花初期、花荚盛期做好豆荚螟的防治。

（苏彩霞　栾春荣　拍摄）　（撰写人：苏彩霞）

滨海绿扁豆

【品种来源】 滨海县。

【特征特性】 植株蔓生，无限结荚习性，生长势强。茎紫绿色，叶绿色，叶脉紫色，中等大小。红色花序，长 15 ～ 25cm。鲜荚镰刀形，青绿色，缝线暗紫色，荚长 8 ～ 10cm，荚宽 2 ～ 3cm，荚厚 0.7 ～ 0.9cm，每荚籽粒 3 ～ 5 个，单荚鲜重 7 ～ 9g。单株荚数 100 ～ 150 个，单株产量 0.7 ～ 1.2kg。外观品质中等，荚壁纤维少，口感品质优。

成熟的豆荚枯黄色，干籽粒黑色，带棕色花纹，白脐，长圆形，百粒重 48 ～ 52g，光泽度较好。中熟，感光性中等，抗病性强，抗虫性强，耐寒性强。

【产量表现】 按栽培密度 10500 ～ 15000 株/hm^2 计算，一般单季每公顷生产鲜荚 10000 ～ 13000kg。

【栽培注意点】（1）长江中下游地区 4 月中下旬～ 7 月上中旬均可播种。

（2）开花初期、花荚盛期做好豆荚螟的防治。

（苏彩霞　栾春荣　拍摄）（撰写人：苏彩霞）

滨海白扁豆

【品种来源】滨海县。

【特征特性】植株蔓生，无限结荚习性，生长势强。茎绿色，叶绿色，叶脉绿色，叶片中等大小。花红色，无花序或超短花序。鲜荚镰刀形，青白色，缝线红色，荚长 12 ～ 15cm，荚宽 3 ～ 5cm，荚厚 0.5 ～ 0.8cm，每荚籽粒 3 ～ 5 个，单荚鲜重 8 ～ 11g。单株荚数 100 ～ 150 个，单株鲜荚产量 1.0 ～ 1.5kg。外观品质差，荚壁纤维中等，口感品质中等。

成熟的豆荚淡黄色，干籽粒褐色，白脐，扁圆形，百粒重 38 ～ 43g，无光泽。早熟，感光性强，抗病性差，抗虫性差。

【产量表现】按栽培密度 10500 ～ 15000 株/hm^2 计算，一般单季每公顷生产鲜荚 11000 ～ 16000kg。

【栽培注意点】（1）长江中下游地区 4 月中下旬～ 7 月上中旬均可播种。

（2）开花初期、花荚盛期做好豆荚螟的防治。

（苏彩霞　栾春荣　拍摄）　（撰写人：苏彩霞）

1.5 南通市

南通白花扁豆

【品种来源】南通市。

【特征特性】植株蔓生，无限结荚习性，生长势中等。茎绿色，叶绿色，叶脉绿色，叶片中等大小。白色花序，长10～20cm。鲜荚镰刀形，青绿色，后期逐渐变白，缝线绿色，荚长6～8cm，荚宽2～3cm，荚厚0.4～0.6cm，每荚籽粒3～5个，单荚鲜重4～6g，单株荚数100～150个，单株鲜荚产量0.5～0.9kg。外观品质中等，荚壁纤维多，口感品质差。

成熟的豆荚枯黄色，干籽粒偏小，棕色，白脐，球形，百粒重40～45g，光泽度中等。早熟，感光性弱，抗病性强，抗虫性中等。

【产量表现】按栽培密度12000～16500株/hm^2计算，一般单季每公顷生产鲜荚7000～10000kg。

【栽培注意点】（1）长江中下游地区4月中下旬～7月上中旬均可播种。

（2）开花初期、花荚盛期做好豆荚螟的防治。

（刘明义　洪斌　拍摄）　（撰写人：江苏省泰兴市农业科学研究所　栾春荣）

【品种来源】南通市。

【特征特性】植株蔓生，无限结荚习性，生长势弱。茎绿色，叶片绿色，叶脉绿色，叶片偏小。花序黄白色，长 20 ～ 30cm。鲜荚镰刀形，青绿色，缝线青绿色，荚长 6 ～ 8cm，荚宽 1 ～ 2cm，荚厚 0.5 ～ 0.8cm，每荚籽粒 2 ～ 3 个，单荚鲜重 3 ～ 5g，单株荚数 250 ～ 300 个，单株鲜荚产量 0.8 ～ 1.3kg。该品种以食用籽粒为主，口感糯，营养丰富。

成熟的豆荚枯黄色，干籽粒白色，楔形，有贝壳花纹，较大，白脐较短，百粒重 40 ～ 45g，光泽中等。早熟，感光性弱，抗病性强，抗虫性强。

【产量表现】按栽培密度 22500 ～ 30000 株/hm^2 计算，一般单季每公顷生产鲜荚 20000 ～ 30000kg。

【栽培注意点】（1）长江中下游地区 4 月中下旬～ 7 月上中旬均可播种。

（2）生长势弱，可适当密植，一般每穴留苗 2 ～ 3 株。

（刘明义　洪斌　拍摄）　（撰写人：栾春荣）

海门扁豆

【品种来源】 海门市。

【特征特性】 植株蔓生，无限结荚习性，生长势中等。茎绿色，叶片绿色，叶脉绿色，叶片中等大小。白色花序，长 10 ～ 20cm。鲜荚长棍形或镰刀形，青白色，缝线青绿色，荚长 7 ～ 10cm，荚宽 1 ～ 2cm，荚厚 0.8 ～ 1.1cm，每荚籽粒 4 ～ 5 个，单荚鲜重 4 ～ 5g，单株荚数 130 ～ 190 个，单株产量 0.8 ～ 0.9kg。外观品质中等，荚壁纤维少，口感品质好。

成熟的豆荚枯黄色，干籽粒红棕色，白脐，长圆形，百粒重 50 ～ 55g，无光泽。早熟，感光性弱，抗病性强，抗虫性中等。

【产量表现】 按栽培密度 12000 ～ 16500 株/hm^2 计算，一般单季每公顷生产鲜荚 12000 ～ 16000kg。

【栽培注意点】（1）长江中下游地区 4 月中下旬～ 7 月上中旬均可播种。

（2）开花初期、花荚盛期做好豆荚螟的防治。

（刘明义　洪斌　拍摄）　（撰写人：栾春荣）

海安红扁豆

【品种来源】海安县南莫镇。

【特征特性】植株蔓生，无限结荚习性，生长势强。茎紫色，叶绿色，叶脉紫色，叶片偏大。紫红色花序，长 10 ～ 20cm。鲜荚紫红色，后期颜色逐渐加深，变为深紫色，镰刀形，缝线紫红色，荚长 6 ～ 8cm，荚宽 2 ～ 3cm，荚厚 0.7 ～ 0.9cm，每荚籽粒 3 ～ 5 个，单荚鲜重 6 ～ 8g，单株荚数 220 ～ 270 个，单株产量 1.5 ～ 2.0kg。外观品质好，荚壁纤维少，口感品质好。

成熟的豆荚枯黑色，干籽粒红褐或红棕色，部分带花纹，白脐，椭圆形，百粒重 45 ～ 50g，光泽度中等。中早熟，感光性中等，抗病性中等，抗虫性中等，耐寒性强。

【产量表现】按栽培密度 10500 ～ 15000 株/hm^2 计算，一般单季每公顷生产鲜荚 17000 ～ 25000kg。

【栽培注意点】（1）长江中下游地区 4 月中下旬～ 7 月上中旬均可播种。

（2）中早熟品种，可采取摘心打顶措施，早春设施栽培，效益更高。

（3）生长势强，应适当稀植。

（4）开花初期、花荚盛期做好豆荚螟的防治。

（5）生产过程中，做好清沟理墒、防涝防渍工作。

（刘明义　洪斌　拍摄）　（撰写人：栾春荣）

刀扁豆

【品种来源】启东市。

【特征特性】植株蔓生，无限结荚习性，生长势强。茎绿色，叶绿色，叶脉绿色，叶片偏大。白色花序，长 15 ～ 25cm。鲜荚长棍形或镰刀形，缝线青白色，荚长 11 ～ 13cm，荚宽 1 ～ 2cm，荚厚 0.6 ～ 0.8cm，每荚籽粒 3 ～ 5 个，单荚鲜重 6 ～ 8g，单株荚数 220 ～ 270 个，单株鲜荚产量 1.5 ～ 2.0kg。外观品质中等，荚壁纤维中等，口感品质中等。

成熟的豆荚枯黄色，干籽粒红棕色或红褐色，部分带花纹，白脐，长葱管形，百粒重 38 ～ 42g，光泽度中等。中熟，感光性中等，抗病性好，抗虫性好。

【产量表现】按栽培密度 12000 ～ 16500 株/hm^2 计算，一般单季每公顷生产鲜荚 21000 ～ 30000kg。

【栽培注意点】（1）长江中下游地区 4 月中下旬～ 7 月上中旬均可播种。

（2）白色花序十分亮丽，且花期长，可作为观赏性品种推广。

（3）开花初期、花荚盛期做好豆荚螟的防治。

（刘明义　洪斌　拍摄）　（撰写人：栾春荣）

肉扁豆

【品种来源】启东市。

【特征特性】植株蔓生，无限结荚习性，生长势强。茎绿紫色，叶绿色，叶脉绿色，叶片中等大小。紫红色花序，长 15 ～ 25cm。鲜豆荚镰刀形，青白色，缝线青绿色，荚长 3 ～ 5cm，荚宽 2 ～ 3cm，荚厚 0.7 ～ 0.9cm，每荚籽粒 3 ～ 5 粒，单荚鲜重 7 ～ 9g，单株荚数 150 ～ 200 个，单株产量 1.2 ～ 1.7kg。外观品质中等，荚壁纤维中等，口感品质中等。

成熟的豆荚枯黄色，干籽粒红褐色或褐色，部分带花纹，白脐，圆形，百粒重 50 ～ 54g，光泽度中等。中熟，感光性中等，抗病性好，抗虫性中等。

【产量表现】按栽培密度 10500 ～ 15000 株/hm^2 计算，一般单季每公顷生产鲜荚 15000 ～ 21000kg。

【栽培注意点】（1）长江中下游地区 4 月中下旬～ 7 月上中旬均可播种。

（2）开花初期、花荚盛期要做好豆荚螟的防治。

（刘明义　洪斌　拍摄）　（撰写人：栾春荣）

启东白扁豆

【品种来源】启东市海复镇。

【特征特性】植株蔓生，无限结荚习性，生长势强。茎绿紫色，叶绿色，叶脉绿色，叶片中等大小。白色花序，长 10 ～ 20cm。鲜荚猪耳朵形，青绿色，缝线绿色，荚长 8 ～ 10cm，荚宽 2 ～ 4cm，荚厚 0.5 ～ 0.7cm，每荚籽粒 3 ～ 5 个，单荚鲜重 5 ～ 7g，单株荚数 150 ～ 200 个，单株产量 1.0 ～ 1.5kg。外观品质中等，荚壁纤维多，口感品质差。

成熟的豆荚枯黑色，干籽粒淡黄色，部分带花纹，白脐，圆形，百粒重 50 ～ 55g，光泽度好。中熟，感光性中等，抗病性中等，抗虫性中等。

【产量表现】按栽培密度 10500 ～ 15000 株/hm^2 计算，一般单季每公顷生产鲜荚 12000 ～ 18000kg。

【栽培注意点】（1）长江中下游地区 4 月中下旬～ 7 月上中旬均可播种。

（2）开花初期、花荚盛期要做好豆荚螟的防治。

（刘明义　洪斌　拍摄）　（撰写人：栾春荣）

启东海复扁豆

【品种来源】启东市。

【特征特性】植株蔓生，无限结荚习性，生长势强。茎绿色，叶绿色，叶脉绿色，叶片中等大小。白色花序易落，长 20 ～ 30cm。鲜豆荚镰刀形，青白色，缝线青绿色，荚长 7 ～ 9cm，荚宽 2 ～ 3cm，荚厚 0.8 ～ 1.0cm，每荚籽粒 3 ～ 5 粒，单荚鲜重 3 ～ 5g，单株荚数 150 ～ 200 个，单株产量 0.5 ～ 1.0kg。外观品质差，荚壁纤维中等，口感品质中等。

成熟的豆荚枯黑色，干籽粒淡黄色，长白脐，圆形，百粒重 47 ～ 53g，光泽中等。晚熟，感光性强，抗病性强，抗虫性强。

【产量表现】按栽培密度 10500 ～ 15000 株/hm^2 计算，一般单季每公顷生产鲜荚 6000 ～ 8000kg。

【栽培注意点】（1）长江中下游地区 6 月中下旬～ 7 月上中旬均可播种。

（2）开花初期、花荚盛期做好豆荚螟的防治。

（刘明义　洪斌　拍摄）　（撰写人：栾春荣）

搬经白扁豆

【品种来源】如皋市搬经镇。

【特征特性】植株蔓生，无限结荚习性，生长势强。茎绿紫色，叶绿色，叶脉绿色，叶片偏大。紫红色花序，长 5 ～ 15cm。鲜荚镰刀形，青白色，缝线青绿色，老熟后颜色逐渐变淡，荚长 6 ～ 8cm，荚宽 1.5 ～ 2.5cm，荚厚 0.7 ～ 0.9cm，每荚籽粒 3 ～ 5 粒，单荚鲜重 5 ～ 7g，单株荚数 100 ～ 150 个，单株产量 0.5 ～ 1.0kg。外观品质中等，荚壁纤维少，口感品质差。

成熟的豆荚枯黄色，干籽红棕或红褐色，部分带花纹，白脐，圆形，百粒重 35 ～ 40g，光泽好。中晚熟，感光性强，抗病性中等，抗虫性差。

【产量表现】按栽培密度 10500 ～ 15000 株/hm^2 计算，一般单季每公顷生产鲜荚 6000 ～ 9000kg。

【栽培注意点】（1）长江中下游地区 6 月中下旬～ 7 月上中旬均可播种。

（2）开花初期、花荚盛期做好豆荚螟的防治。

（刘明义　洪斌　拍摄）　（撰写人：栾春荣）

青皮扁豆

【品种来源】如皋市白蒲镇。

【特征特性】植株蔓生，无限结荚习性，生长势强。茎紫绿色，叶绿色，叶脉紫色，叶片中等大小。红色花序，长 10 ～ 20cm，鲜豆荚镰刀形，青白带沙红色，老熟后颜色逐渐变为青色，缝线紫红色，荚长 7 ～ 9cm，荚宽 2 ～ 3cm，荚厚 0.6 ～ 0.8cm，每荚籽粒 3 ～ 5 个，单荚鲜重 7 ～ 9g，单株荚数 90 ～ 140 个，单株鲜荚产量 0.5 ～ 1.0kg。外观品质好，荚壁纤维少，口感品质好。

成熟的豆荚枯黑色，干籽粒红褐色或棕色，部分带花纹，白脐，圆形，百粒重 32 ～ 36g，光泽中等。中晚熟，感光性强，抗病性中等，抗虫性中等，耐寒性强。

【产量表现】按栽培密度 10500 ～ 15000 株/hm^2 计算，一般单季每公顷生产鲜荚 21000 ～ 30000kg。

【栽培注意点】（1）长江中下游地区 6 月中下旬～ 7 月上中旬均可播种。

（2）熟期偏晚，建议秋播。

（3）开花初期、花荚盛期做好豆荚螟的防治。

（刘明义　洪斌　拍摄）　（撰写人：栾春荣）

搬经红扁豆

【品种来源】如皋市搬经镇。

【特征特性】植株蔓生，无限结荚习性，生长势强。茎紫色，叶绿色，叶脉紫色，叶片中等大小。紫红色花序，长5～15cm，鲜荚镰刀形，紫红色，缝线紫红色，荚长7～9cm，荚宽2～4cm，荚厚0.6～0.9cm，每荚籽粒3～5个，单荚鲜重6～8g，单株荚数80～130个，单株鲜荚产量0.5～1.0kg。外观品质好，荚壁纤维少，口感品质好。

成熟的豆荚枯黑色，干籽粒深褐色或红棕色，部分带花纹，白脐，圆形，百粒重42～46g，光泽度中等。晚熟，感光性强，抗病性中等，抗虫性中等，耐寒性强。

【产量表现】按栽培密度10500～15000株/hm^2计算，一般单季每公顷生产鲜荚7000～10000kg。

【栽培注意点】（1）长江中下游地区6月中下旬～7月上中旬均可播种。

（2）晚熟种，建议夏播。

（3）叶斑病重，不耐湿。生长过程中要注意防涝、防病。

（4）花色和荚色均很好看，可作为观赏性品种推荐。

（5）开花初期、花荚盛期做好豆荚螟的防治。

（刘明义　洪斌　拍摄）　（撰写人：栾春荣）

搬经绿扁豆

【品种来源】如皋市搬经镇。

【特征特性】植株蔓生，无限结荚习性，生长势强。茎绿紫色，叶绿色，叶脉绿色，叶片中等大小。粉红色花序，长 10 ～ 20cm。鲜荚镰刀形，青白色，缝线青色，荚长 6 ～ 7cm，荚宽 1 ～ 3cm，荚厚 0.5 ～ 0.8cm，每荚籽粒 3 ～ 5 个，单荚鲜重 3 ～ 5g，单株荚数 200 ～ 300 个，单株产量 1.0 ～ 1.5kg。外观品质中等，荚壁纤维中等，口感品质中等。

成熟的豆荚枯黄色，干籽粒棕黑色，带花纹，白脐，球形，百粒重 38 ～ 42g，无光泽。中熟，感光性中等，抗病性强，抗虫性中等。

【产量表现】按栽培密度 10500 ～ 15000 株/hm^2 计算，一般单季每公顷生产鲜荚 12000 ～ 18000kg。

【栽培注意点】（1）长江中下游地区 4 月中下旬～ 7 月上中旬均可播种。

（2）开花初期、花荚盛期做好豆荚螟的防治。

（刘明义　洪斌　拍摄）　（撰写人：栾春荣）

如东红扁豆

【品种来源】如东县大豫镇。

【特征特性】植株蔓生，无限结荚习性，生长势强。茎紫色，叶绿色，叶脉紫色，叶片中等大小。紫红色长花序，长 15 ～ 25cm。鲜豆荚长镰刀形，紫红色，后期颜色逐渐加深，变为深紫红色，缝线紫红色。荚长 7 ～ 10cm，荚宽 1.5 ～ 2.5cm，荚厚 0.8 ～ 1.1cm，每荚籽粒 3 ～ 5 个。单荚鲜重 6 ～ 8g，单株荚数 200 ～ 250 个，单株鲜荚产量 1.3 ～ 1.8kg。外观品质好，荚壁纤维少，口感品质好。

成熟的豆荚枯黑色，干籽粒褐或红褐色，部分带花纹，白脐，椭圆形，百粒重 42 ～ 46g，光泽度差。中晚熟，感光性中等，抗病性中等，抗虫性中等，耐寒性强。

【产量表现】按栽培密度 10500 ～ 15000 株/hm^2 计算，一般单季每公顷生产鲜荚 15000 ～ 22500kg。

【栽培注意点】（1）长江中下游地区 4 月中下旬～ 7 月上中旬均可播种。

（2）中晚熟品种，建议夏播。

（3）生长势强，应适当稀植。

（4）花序和鲜荚均鲜艳亮丽，可推荐为观光品种。

（5）开花初期、花荚盛期做好豆荚螟的防治。

（刘明义　洪斌　拍摄）　（撰写人：栾春荣）

1.6 徐州市

阜宁小白扁豆

【品种来源】阜宁县罗桥镇。

【特征特性】植株蔓生，无限结荚习性，生长势强。茎绿紫色，叶浅绿色，叶脉绿色，叶片偏大。花色粉紫，无花序或超短花序。鲜荚镰刀形，青白色，缝线绿色，荚长 8 ～ 11cm，荚宽 2 ～ 3cm，荚厚 0.7 ～ 0.9cm，每荚籽粒 3 ～ 6 粒，单荚鲜重 9 ～ 11g，单株荚数 100 ～ 150 个，单株鲜荚产量 1.0 ～ 1.5kg。外观品质中等，荚壁纤维多，口感品质差。

成熟的豆荚枯黄色，干籽粒褐或黑色，部分带花纹，白脐，椭圆或长椭圆形，百粒重 54 ～ 58g，光泽度好。中晚熟，感光性强，抗病性差，叶斑病发病重，抗虫性差，耐寒性强。

【产量表现】按栽培密度 10500 ～ 15000 株/hm^2 计算，一般单季每公顷生产鲜荚 13000 ～ 19000kg。

【栽培注意点】（1）长江中下游地区 6 月中下旬～ 7 月上中旬均可播种。

（2）品种抗病性差，生产中要注意防涝防渍、降低湿度。

（3）开花初期、花荚盛期做好豆荚螟的防治。

（苏彩霞　栾春荣　拍摄）　（撰写人：苏彩霞）

长白扁豆

【品种来源】阜宁县罗桥镇。

【特征特性】植株蔓生，无限结荚习性，生长势强。茎绿紫色，叶浅绿色，叶脉绿色，叶片偏大。花色紫红，无花序或超短花序。鲜荚青白色，皮条形或直刀形，缝线青绿色，荚长 11 ～ 15cm，荚宽 2 ～ 4cm，荚厚 0.6 ～ 0.8cm，每荚籽粒 4 ～ 6 粒，单荚鲜重 10 ～ 12g，单株荚数 100 ～ 150 个，单株鲜荚产量 0.7 ～ 1.1kg。外观品质中等，荚壁纤维多，口感品质差。

成熟的豆荚枯黄色，干籽粒褐色，部分带花纹，白脐，椭圆或长椭圆形，百粒重 42 ～ 46g，光泽度好。中晚熟，感光性强，抗病性强，抗虫性中等，耐寒性差。

【产量表现】按栽培密度 10500 ～ 15000 株/hm^2 计算，一般单季每公顷生产鲜荚 9000 ～ 13000kg。

【栽培注意点】（1）长江中下游地区 6 月中下旬～ 7 月上中旬均可播种。

（2）建议夏播栽培。

（3）品种耐寒性差，遇霜冻需提前收获。

（4）开花初期、花荚盛期做好豆荚螟的防治。

（苏彩霞　栾春荣　拍摄）　（撰写人：苏彩霞）

阜宁红扁豆

【品种来源】阜宁县吴滩街道。

【特征特性】植株蔓生，无限结荚习性，生长势中等。茎紫色，叶浅绿色，叶脉紫色，叶片偏小。紫色花序，长 5 ～ 15cm，鲜荚镰刀形，紫红色（后期颜色逐渐加深，变为深紫红色），缝线暗紫红色，荚长 6 ～ 8cm，荚宽 2 ～ 3cm，荚厚 0.7 ～ 0.9cm，每荚籽粒 3 ～ 5 个，单荚鲜重 5 ～ 7g，单株荚数 70 ～ 130 个，单株鲜荚产量 0.5 ～ 0.9kg。外观品质好，荚壁纤维少，口感品质好。

成熟的豆荚黑色，干籽粒黑色，部分带花纹，白脐，圆形，百粒重 54 ～ 58g，光泽度好。晚熟，感光性强，抗病性差，叶斑病重，抗虫性中等，耐寒性强。

【产量表现】按栽培密度 10500 ～ 15000 株/hm^2 计算，一般单季每公顷生产鲜荚 5000 ～ 7000kg。

【栽培注意点】（1）长江中下游地区 6 月中下旬～ 7 月上中旬均可播种。

（2）开花初期、花荚盛期做好豆荚螟的防治。

（苏彩霞　栾春荣　拍摄）　（撰写人：苏彩霞）

阜宁绿扁豆

【品种来源】 阜宁县芦蒲镇。

【特征特性】 植株蔓生，无限结荚习性，生长势中等。茎紫绿色，叶绿色，叶脉绿色，叶片中等大小。粉紫色花序，长 15 ～ 25cm。鲜荚镰刀形，青绿色，缝线紫色，荚长 8 ～ 10cm，荚宽 2 ～ 3cm，荚厚 0.6 ～ 0.9cm，每荚籽粒 3 ～ 5 个，单荚鲜重 6 ～ 8g，单株荚数 100 ～ 150 个，单株产量 0.7 ～ 1.2kg。外观品质中等，荚壁纤维少，口感好。

成熟的豆荚黑色，干籽粒黑色，部分带花纹，白脐，椭圆形，百粒重 40 ～ 45g，光泽度好。早熟，感光性弱，抗病性中等，抗虫性中等。

【产量表现】 按栽培密度 12000 ～ 16500 株/hm^2 计算，一般单季每公顷生产鲜荚 12000 ～ 15000kg。

【栽培注意点】（1）长江中下游地区 4 月中下旬～ 7 月上中旬均可播种。

（2）早熟品种，早春设施栽培效益更高。

（3）开花初期、花荚盛期做好豆荚螟的防治。

（苏彩霞　栾春荣　拍摄）　（撰写人：苏彩霞）

眉豆-1

【品种来源】邳州市铁富镇。

【特征特性】植株蔓生，无限结荚习性，生长势强。茎绿色，叶绿色，叶脉绿色，叶片中等大小。白色花序，长 10 ～ 20cm。鲜荚青绿色，长镰刀形，缝线绿色，荚长 8 ～ 11cm，荚宽 2 ～ 3cm，荚厚 0.7 ～ 0.9cm，每荚籽粒 3 ～ 5 粒。单荚鲜重 7 ～ 9g，单株荚数 100 ～ 150 个，单株产量 0.5 ～ 0.8kg。外观品质中等，荚壁纤维多，口感品质差。

成熟的豆荚枯黑色，干籽粒红棕色或棕色，部分带花纹，白脐，椭圆形，百粒重 50 ～ 54g，光泽度好。中熟，感光性中等，抗病性强，抗虫性强。

【产量表现】按栽培密度 10500 ～ 15000 株/hm^2 计算，一般单季每公顷生产鲜荚 6000 ～ 9000kg。

【栽培注意点】（1）长江中下游地区 4 月中下旬～ 7 月上中旬均可播种。

（2）开花初期、花荚盛期做好豆荚螟的防治。

（苏彩霞　栾春荣　拍摄）　（撰写人：苏彩霞）

眉豆-2

【品种来源】邳州市铁富镇。

【特征特性】植株蔓生，无限结荚习性，生长势强。茎绿色，叶绿色，叶脉绿色，叶片中等大小。白色花序，长 10 ～ 20cm。鲜荚弯棍形或“S”形，青白色，缝线青色，荚长 9 ～ 12cm，荚宽 1 ～ 2cm，荚厚 0.6 ～ 1.0cm，每荚籽粒 4 ～ 6 个，单荚鲜重 5 ～ 7g，单株荚数 100 ～ 150 个，单株鲜荚产量 0.5 ～ 1.0kg。外观品质中等，荚壁纤维中等，口感中等。

成熟的豆荚枯黄色，干籽粒红棕色，部分带花纹，白脐，椭圆形，百粒重 35 ～ 40g，光泽度中等。中熟，感光性中等，抗病性中等，抗虫性中等。

【产量表现】按栽培密度 10500 ～ 15000 株/hm^2 计算，一般单季每公顷生产鲜荚 9000 ～ 12000kg。

【栽培注意点】（1）长江中下游地区 4 月中下旬～ 7 月上中旬均可播种。

（2）开花初期、花荚盛期要做好豆荚螟的防治。

（苏彩霞　栾春荣　拍摄）（撰写人：苏彩霞）

扁梅豆

【品种来源】 邳州市八路镇。

【特征特性】 植株蔓生，无限结荚习性，生长势强。茎紫绿色，叶绿色，叶脉紫色，叶片偏大。紫红色花序，长 15 ～ 25cm。鲜荚镰刀形，紫红色（后期颜色加深，变为深紫色），缝线紫红色，荚长 7 ～ 9cm，荚宽 2 ～ 3cm，荚厚 0.7 ～ 0.9cm，每荚籽粒 3 ～ 5 个，单荚鲜重 6 ～ 8g，单株荚数 80 ～ 130 个，单株鲜荚产量 0.5 ～ 1.0kg。外观品质好，荚壁纤维少，口感品质好。

成熟的豆荚枯黑色，干籽粒红棕或棕褐色，部分带花纹，白脐，圆形，百粒重 38 ～ 42g，光泽度中等。中晚熟，感光性强，抗病性中等，抗虫性中等。

【产量表现】 按栽培密度 10500 ～ 15000 株/hm^2 计算，一般单季每公顷生产鲜荚 5000 ～ 7000kg。

【栽培注意点】（1）长江中下游地区 6 月中下旬～ 7 月上中旬均可播种。

（2）中晚熟品种，建议夏播。

（3）开花初期、花荚盛期做好豆荚螟的防治。

（苏彩霞　栾春荣　拍摄）　（撰写人：苏彩霞）

红边白扁豆

【品种来源】邳州市八路镇。

【特征特性】植株蔓生，无限结荚习性，生长势强。茎紫色，叶浅绿色，叶脉紫色，叶片中等大小。粉紫色花序，长 10 ～ 20cm。鲜荚镰刀形，青白带沙红色，缝线紫色，荚长 8 ～ 10cm，宽 2 ～ 3cm，荚厚 0.8 ～ 1.1cm，每荚种子 3 ～ 5 粒，单荚鲜重 6 ～ 8g，单株荚数 100 ～ 150 个，单株鲜荚产量 0.7 ～ 1.2kg。外观品质好，荚壁纤维少，口感品质中等。

成熟的豆荚枯白色，干籽粒棕黑或棕褐色，部分带花纹，白脐，椭圆形，百粒重 48 ～ 52g，光泽度中等。中晚熟，感光性强，抗病性中等，抗虫性中等，耐寒性强。

【产量表现】按栽培密度 10500 ～ 15000 株/hm^2 计算，一般单季每公顷生产鲜荚 9000 ～ 13000kg。

【栽培注意点】（1）长江中下游地区 6 月中下旬～ 7 月上中旬均可播种。

（2）开花初期、花荚盛期做好豆荚螟的防治。

（苏彩霞　栾春荣　拍摄）（撰写人：苏彩霞）

红包扁豆

【品种来源】睢宁县古邳镇。

【特征特性】植株蔓生，无限结荚习性，生长势强。茎紫色，叶绿色，叶脉紫色，叶片大小中等。紫红色花序，长 5 ～ 15cm。鲜荚暗紫红色，镰刀形，缝线紫红色，荚长 8 ～ 10cm，荚宽 2 ～ 3cm，荚厚 0.6 ～ 0.8cm，每荚籽粒 3 ～ 5 个。单荚鲜重 4 ～ 6g，单株荚数 80 ～ 130 个，单株产量 0.5 ～ 0.7kg。外观品质好，荚壁纤维少，口感品质好。

成熟的豆荚枯黑色，干籽粒棕或棕褐色，部分带花纹，白脐，椭圆形，百粒重 38 ～ 42g，光泽度差。中晚熟，感光性强，抗病性好，抗虫性好。

【产量表现】按栽培密度 10500 ～ 15000 株/hm^2 计算，一般单季每公顷生产鲜荚 5000 ～ 7000kg。

【栽培注意点】（1）长江中下游地区 4 月中下旬～ 7 月上中旬均可播种。

（2）开花初期、花荚盛期做好豆荚螟的防治。

（苏彩霞　栾春荣　拍摄）　（撰写人：苏彩霞）

长扁豆

【品种来源】睢宁县官山镇。

【特征特性】植株蔓生，无限结荚习性，生长势强。茎绿色，叶绿色，叶脉绿色，叶片偏大。紫色短花序，长 5 ～ 15cm，鲜荚棍形或长镰刀形，青绿色，缝线绿色，荚长 8 ～ 12cm，荚宽 1.5 ～ 2.5cm，荚厚 0.7 ～ 0.9cm，每荚籽粒 4 ～ 6 粒，单荚鲜重 4 ～ 6g，单株荚数 50 ～ 100 个，单株鲜荚产量 0.5 ～ 0.6kg。外观品质中等，荚壁纤维中等，口感品质中等。

成熟的豆荚枯黄色，干籽粒红褐色或红棕色，部分带花纹，白脐，长椭圆形，百粒重 50 ～ 55g，光泽度中等。中晚熟，感光性强，抗病性差，抗虫性中等。

【产量表现】按栽培密度 10500 ～ 15000 株/hm^2 计算，一般单季每公顷生产鲜荚 5000 ～ 8000kg。

【栽培注意点】(1) 长江中下游地区 6 月中下旬～ 7 月上中旬均可播种。

(2) 叶斑病较重，田间要防涝防渍，沟系配套。

(3) 开花初期、花荚盛期做好豆荚螟的防治。

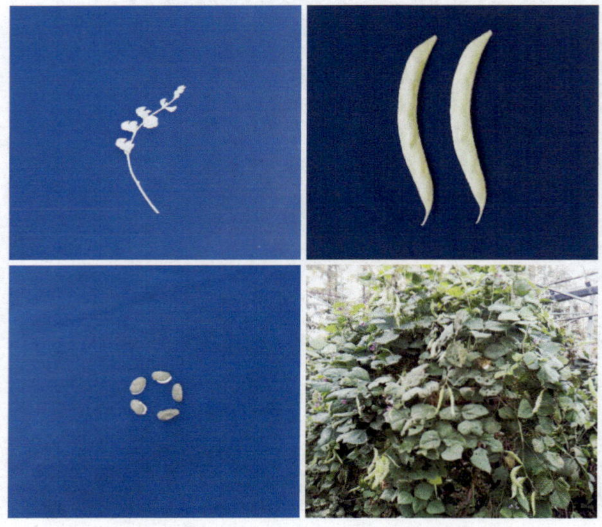

（苏彩霞　栾春荣　拍摄）　（撰写人：苏彩霞）

青皮茶豆

【品种来源】睢宁县姚集镇。

【特征特性】植株蔓生，无限结荚习性，生长势强。茎绿色，叶绿色，叶脉绿色，叶片偏大。白色花序，长 10 ～ 20cm。鲜豆荚青白色，猪耳朵形，缝线绿色，荚长 12 ～ 14cm，荚宽 3 ～ 5cm，荚厚 0.6 ～ 0.8cm，每荚籽粒 4 ～ 6 个，单荚鲜重 15 ～ 20g，单株荚数 50 ～ 100 个，单株鲜荚产量 0.5 ～ 1.0kg。外观品质中等，荚壁纤维多，口感品质差。

成熟的豆荚枯黑色，干籽粒棕色或红棕色，部分带花纹，白脐，长扁椭圆形，百粒重 40 ～ 45g，光泽度好。晚熟，感光性强，抗病性中等，抗虫性中等，耐寒性差。

【产量表现】按栽培密度 10500 ～ 15000 株/hm^2 计算，一般单季每公顷生产鲜荚 9000 ～ 12000kg。

【栽培注意点】（1）长江中下游地区 6 月中下旬～ 7 月上中旬均可播种。

（2）耐寒性差，遇到霜冻需提前采摘。

（3）开花初期、花荚盛期做好豆荚螟的防治。

（苏彩霞　栾春荣　拍摄）　（撰写人：苏彩霞）

丰县眉豆

【品种来源】丰县首羡镇。

【特征特性】植株蔓生，无限结荚习性，生长势中等。茎绿色，叶绿色，叶脉绿色，叶片偏大。白色短花序，长5～15cm。鲜荚青绿色，猪耳朵形，缝线绿色，荚长5～7cm，宽2～3cm，荚厚0.7～0.9cm，每荚籽粒3～5个，单荚鲜重5～8g，单株荚数80～130个，单株鲜荚产量0.5～1.0kg。外观品质中等，荚壁纤维多，口感品质差。

成熟的豆荚枯黄色，干籽粒红棕或棕褐色，部分带花纹，白脐，椭圆形，百粒重44～48g，光泽度好。中早熟，感光性中等，抗病性中等，抗虫性中等。

【产量表现】按栽培密度10500～15000株/hm^{2}计算，一般单季每公顷生产鲜荚5000～7000kg。

【栽培注意点】（1）长江中下游地区4月中下旬～7月上中旬均可播种。

（2）开花初期、花荚盛期做好豆荚螟的防治。

（苏彩霞　栾春荣　拍摄）（撰写人：苏彩霞）

1.7 常州市

小荚皮扁豆

【品种来源】溧阳市别桥镇。

【特征特性】植株蔓生，无限结荚习性，生长势强。茎绿紫色，叶绿色，叶脉绿色，叶片偏大。紫红色花序，长 15 ～ 25cm。鲜荚长镰刀形，青白色，缝线绿色，荚长 9 ～ 12cm，荚宽 2 ～ 3cm，荚厚 0.5 ～ 0.8cm，每荚籽粒 3 ～ 5 个，单荚鲜重 7 ～ 9g，单株荚数 220 ～ 270 个，单株产量 1.8 ～ 2.3kg。外观品质中等，荚壁纤维多，口感品质差。

成熟的豆荚枯黄色，干籽粒黑色，部分带花纹，白脐，长椭圆形，百粒重 52 ～ 56g，光泽度好。中熟，感光性中等，抗病性强，抗虫性中等。

【产量表现】按栽培密度 10500 ～ 15000 株/hm^2 计算，一般单季每公顷生产鲜荚 20000 ～ 30000kg。

【栽培注意点】（1）长江中下游地区 6 月中下旬～ 7 月上中旬均可播种。

（2）开花初期、花荚盛期做好豆荚螟的防治。

（苏彩霞　栾春荣　拍摄）　（撰写人：苏彩霞）

半边红扁豆

【品种来源】溧阳市别桥镇。

【特征特性】植株蔓生，无限结荚习性，生长势强。茎紫绿色，叶浅绿色，叶脉紫色，叶片中等大小。紫红色花序，长 15 ～ 25cm。鲜荚镰刀形，沙红色嫩荚后逐渐变淡，不见光部分无红色，缝线紫红色，荚长 7 ～ 9cm，荚宽 2 ～ 3cm，荚厚 0.8 ～ 1.1cm，每荚籽粒 3 ～ 5 个，单荚鲜重 8 ～ 11g，单株荚数 100 ～ 150 个，单株产量 0.8 ～ 1.3kg。外观品质好，荚壁纤维少，口感品质好。

成熟的豆荚枯黄色，干籽粒暗棕色或暗红色，部分带花纹，白脐，椭圆或长椭圆形，百粒重 48 ～ 52g，光泽度中等。中熟，感光性中等，抗病性中等，抗虫性中等，耐寒性强。

【产量表现】按栽培密度 10500 ～ 15000 株/hm^2 计算，一般单季每公顷生产鲜荚 20000 ～ 30000kg。

【栽培注意点】（1）长江中下游地区 4 月中下旬～ 7 月上中旬均可播种。

（2）采用摘心打顶措施，早春设施栽培效益更高。

（3）开花初期、花荚盛期做好豆荚螟的防治。

（苏彩霞　栾春荣　拍摄）（撰写人：苏彩霞）

红边白荚皮扁豆

【品种来源】溧阳市溧城镇。

【特征特性】植株蔓生，无限结荚习性，生长势强。茎紫绿色，叶浅绿色，叶脉紫色，叶片中等大小。粉红色花序，长 15 ～ 25cm。鲜荚镰刀形，青白色，缝线红色，后期逐渐变淡，荚长 8 ～ 11cm，荚宽 2 ～ 4cm，荚厚 0.8 ～ 1.1cm，每荚籽粒 3 ～ 5 个，单荚鲜重 7～9g，单株荚数 100～150 个，单株产量 0.8～1.3kg。外观品质中，荚壁纤维多，口感品质差。

成熟的豆荚枯黄色，干籽粒深褐色，部分带花纹，白脐，圆形，百粒重 36 ～ 40g，光泽度中等。早熟，感光性中等，抗病性好，抗虫性好。

【产量表现】按栽培密度 10500 ～ 15000 株/hm^2 计算，一般单季每公顷生产鲜荚 10000 ～ 15000kg。

【栽培注意点】（1）长江中下游地区 4 月中下旬～ 7 月上中旬均可播种。

（2）早春设施栽培效益更高。

（3）开花初期、花荚盛期做好豆荚螟的防治。

（苏彩霞　栾春荣　拍摄）　（撰写人：苏彩霞）

溧阳白扁豆

【品种来源】溧阳市溧城镇。

【特征特性】植株蔓生，无限结荚习性，生长势强。茎绿色，叶绿色，叶脉绿色，叶片偏大。白色花序长 10 ～ 20cm。鲜荚猪耳朵形，青白色，缝线青绿色，荚长 8 ～ 11cm，荚宽 2 ～ 3cm，荚厚 0.7 ～ 1.0cm，每荚籽粒 3 ～ 5 个，单荚鲜重 9 ～ 11g，单株荚数 120 ～ 180 个，单株产量 1.5 ～ 2.0kg。外观品质中等，荚壁纤维中等，口感品质中等。

成熟的豆荚枯白色，干籽粒棕色或暗棕色，部分带花纹，白脐，椭圆形，百粒重 38 ～ 42g，光泽度中等。中晚熟，感光性强，抗病性强，抗虫性中等。

【产量表现】按栽培密度 10500 ～ 15000 株/hm^2 计算，一般单季每公顷生产鲜荚 17000 ～ 25000kg。

【栽培注意点】（1）长江中下游地区 4 月中下旬～ 7 月上中旬均可播种。

（2）开花初期、花荚盛期做好豆荚螟的防治。

（苏彩霞　栾春荣　拍摄）　（撰写人：苏彩霞）

皮扁豆

【品种来源】溧阳市天目湖镇。

【特征特性】植株蔓生，无限结荚习性，生长势强。茎紫绿色，叶色浅绿，叶脉淡紫色，叶片中等大小。紫红色花，无花序或超短花序。鲜豆荚直刀形或皮条形，青绿色，缝线红色，荚长10～14cm，荚宽2～4cm，荚厚0.3～0.5cm，每荚籽粒3～6个，单荚鲜重8～11g，单株荚数100～150个，单株产量1.0～1.5kg。外观品质中等，荚壁纤维多，口感品质差。

成熟的豆荚枯黄色，干籽暗粒红或红褐色，部分带花纹，白脐，长椭圆形，百粒重62～66g，光泽度好。晚熟，感光性强，抗病性差，抗虫性差。

【产量表现】按栽培密度10500～15000株/hm^2计算，一般单季每公顷生产鲜荚12000～18000kg。

【栽培注意点】（1）长江中下游地区6月中下旬～7月上中旬均可播种。

（2）注意防控花叶病毒病。

（3）开花初期、花荚盛期做好豆荚螟的防治。

（苏彩霞　栾春荣　拍摄）　（撰写人：苏彩霞）

溧阳红扁豆

【品种来源】溧阳市上黄镇。

【特征特性】植株蔓生，无限结荚习性，生长势强。茎紫色，叶绿色，叶脉紫色，叶片偏小。紫红色花序长 5 ～ 15cm。鲜荚镰刀形，紫红色，后期颜色加深变为深紫色，缝线紫红色，荚长 7 ～ 9cm，荚宽 1.5 ～ 2.5cm，荚厚 0.8 ～ 1.1cm，每荚籽粒 3 ～ 5 个，单荚鲜重 6 ～ 8g，单株荚数 150 ～ 200 个，单株产量 1.0 ～ 1.5kg。外观品质好，荚壁纤维少，口感品质好。

成熟的豆荚枯黑色，干籽粒棕黑色或棕色，部分带花纹，白脐，圆形，百粒重 36 ～ 40g，光泽度中等。晚熟，感光性强，抗病性强，抗虫性差。

【产量表现】按栽培密度 10500 ～ 15000 株/hm^2 计算，一般单季每公顷生产鲜荚 15000 ～ 18000kg。

【栽培注意点】(1) 长江中下游地区 6 月中下旬～ 7 月上中旬均可播种。

(2) 开花初期、花荚盛期做好豆荚螟的防治。

（苏彩霞　栾春荣　拍摄）　（撰写人：苏彩霞）

溧阳上黄红边白扁豆

【品种来源】溧阳市。

【特征特性】植株蔓生，无限结荚习性，生长势中等。茎绿紫色，叶绿色，叶脉绿色，叶片中等大小。红色花序，长 10 ～ 20cm。鲜荚镰刀形，青绿带红色，缝线暗紫红色，荚长 8 ～ 10cm，荚宽 2 ～ 3cm，荚厚 0.5 ～ 0.7cm，每荚籽粒 3 ～ 5 个，单荚鲜重 5 ～ 8g，单株荚数 220 ～ 270 个，单株产量 0.8 ～ 1.3kg。外观品质中，荚壁纤维少，口感品质好。

成熟的豆荚枯黄色，干籽粒黑色，部分带棕色花纹，白脐，球形，百粒重 45 ～ 50g，光泽度好。中晚熟，感光性强，抗病性强，抗虫性差。

【产量表现】按栽培密度 10500 ～ 15000 株/hm^2 计算，一般单季每公顷生产鲜荚 14000 ～ 21000kg。

【栽培注意点】（1）长江中下游地区 6 月中下旬～ 7 月上中旬均可播种。

（2）开花初期、花荚盛期做好豆荚螟的防治。

（苏彩霞　栾春荣　拍摄）　（撰写人：苏彩霞）

红大荚

【品种来源】常州市。

【特征特性】植株蔓生，无限结荚习性，生长势中等。茎紫绿色，叶绿色，叶脉紫色，叶片偏大。红色花序，长 20 ～ 30cm。鲜荚镰刀形，青绿带沙红，不见光部分无红色，暗紫色缝线，荚长 7 ～ 10cm，荚宽 2 ～ 3cm，荚厚 0.6 ～ 0.9cm，每荚籽粒 4 ～ 5 个，单荚鲜重 6 ～ 8g。单株荚数 220 ～ 270 个，单株产量 1.5 ～ 2.0kg。外观品质好，荚壁纤维少，口感品质好。

成熟的豆荚枯黄色，干籽粒黑色，白脐，圆形，百粒重 40 ～ 44g，无光泽。早熟，感光性中等，抗病性强，抗虫性中等。

【产量表现】按栽培密度 12000 ～ 16500 株/hm^2 计算，一般单季每公顷生产鲜荚 20000 ～ 28000kg。

【栽培注意点】（1）长江中下游地区 4 月中下旬～ 7 月上中旬均可播种。

（2）品种早熟，早春设施栽培效益更高。

（3）开花初期、花荚盛期做好豆荚螟的防治。

（苏彩霞　栾春荣　拍摄）（撰写人：苏彩霞）

红鞋儿

【品种来源】 常州市。

【特征特性】 植株蔓生，无限结荚习性，生长势中等。茎紫色，叶绿色，叶脉紫色，叶片偏小。红色花序，长 10 ～ 20cm。鲜荚镰刀形，青绿带沙红色，不见光部分无红色，缝线紫红色，荚长 7 ～ 9cm，荚宽 2 ～ 3cm，荚厚 0.4 ～ 0.7cm，每荚籽粒 3 ～ 5 个，单荚鲜重 4 ～ 6g，单株荚数 90 ～ 140 个，单株产量 0.5 ～ 0.8kg。外观品质中等，荚壁纤维中等，口感品质中等。

成熟的豆荚枯黄色，干籽粒黑色，白脐，球形，百粒重 39 ～ 43g，光泽中等。早熟，感光性中等，抗病性强，抗虫性中等。

【产量表现】 按栽培密度 12000 ～ 16500 株/hm^2 计算，一般单季每公顷生产鲜荚 6000 ～ 8000kg。

【栽培注意点】（1）长江中下游地区 4 月中下旬～ 7 月上中旬均可播种。

（2）开花初期、花荚盛期做好豆荚螟的防治。

（苏彩霞　栾春荣　拍摄）　（撰写人：苏彩霞）

1.8　镇江市

华阳扁豆

【品种来源】句容市华阳街道。

【特征特性】植株蔓生，无限结荚习性，生长势中等。茎紫绿色，叶绿色，叶脉紫色，叶片中等大小。红色花序，长15～25cm。鲜荚镰刀形，青绿带沙红色，后期红色部分逐渐增加，缝线紫红色，荚长7～9cm，荚宽2～3cm，荚厚0.5～0.8cm，每荚籽粒3～5个，单荚鲜重6～8g，单株荚数130～180个，单株鲜荚产量1.0～1.4kg。外观品质中等，荚壁纤维少，口感品质好。

成熟的豆荚枯黄色，干籽粒黑色，白脐，圆形，百粒重40～44g，无光泽。早熟，感光性弱，抗病性强，抗虫性中等。

【产量表现】按栽培密度12000～16500株/hm^2计算，一般单季每公顷生产鲜荚12000～16000kg。

【栽培注意点】（1）长江中下游地区4月中下旬～7月上中旬均可播种。

（2）早春设施栽培效益更高。

（3）开花初期、花荚盛期做好豆荚螟的防治。

（卢照龙　狄佳春　拍摄）

（撰写人：江苏省农科院种质资源与生物技术研究所　狄佳春）

句容红扁豆

【品种来源】句容市天王镇。

【特征特性】植株蔓生，无限结荚习性，生长势强。茎紫色，叶脉紫，叶绿色，叶片偏大。花紫色，花序长15～25cm。鲜荚镰刀形，紫红色，缝线紫红色，鲜荚长8～10cm，宽2～4cm，荚厚0.5～0.7cm，每荚籽粒3～5个，单荚鲜重6～8g，单株荚数130～170个，单株鲜荚产量0.7～1.2kg。外观品质好，荚壁纤维少，口感较好。

成熟的豆荚枯黑色，干籽粒暗棕或褐色，部分带花纹，白脐，椭圆形，百粒重24～28g，光泽度中等。中熟，感光性中等，抗病性强，抗虫性强。

【产量表现】按栽培密度10500～15000株/hm^2计算，一般单季每公顷生产鲜荚9000～13000kg。

【栽培注意点】（1）长江中下游地区4月中下旬～7月上中旬均可播种。

（2）建议早春设施栽培效益更高。

（3）荚色、株型均不错，可做观赏类品种。

（4）开花初期、花荚盛期做好豆荚螟的防治。

（卢照龙　狄佳春　拍摄）　（撰写人：狄佳春）

句容白扁豆

【品种来源】句容市华阳街道。

【特征特性】植株蔓生，无限结荚习性，生长势强。茎绿色，叶脉绿，绿色叶片中等大小。花粉紫色，无花序或超短花序。鲜荚镰刀形，青白色，缝线绿色，荚长 9 ～ 11cm，荚宽 2 ～ 4cm，荚厚 0.6 ～ 0.8cm，每荚籽粒 3 ～ 5 个，单荚鲜重 8 ～ 10g，单株荚数 80 ～ 130 个，单株鲜荚产量 0.8 ～ 1.2kg。外观品质中，荚壁纤维多，口感品质差。

成熟的豆荚枯黄色，干籽粒深褐色，部分带花纹，白脐，椭圆形，百粒重 43 ～ 48g，光泽度中等。中晚熟，感光性强，抗病性中等，抗虫性一般。

【产量表现】按栽培密度 10500 ～ 15000 株/hm^2 计算，一般单季每公顷生产鲜荚 9000 ～ 13000kg。

【栽培注意点】（1）长江中下游地区 6 月中下旬～ 7 月上中旬均可播种。

（2）中晚熟品种，建议夏播。

（3）生长势强，不宜密植。

（4）开花初期、花荚盛期做好豆荚螟的防治。

（卢照龙　狄佳春　拍摄）　（撰写人：狄佳春）

红蔓红边白扁豆

【品种来源】句容市经济开发区。

【特征特性】植株蔓生，无限结荚习性，生长势强。茎紫绿色，叶脉紫色，叶绿色，叶片偏大。紫红花序，长 5 ～ 15cm。鲜荚长皮条形，青白带沙红色（无光照部分为青绿色），缝线紫红色，荚长 13 ～ 16cm，荚宽 2 ～ 4cm，荚厚 0.5 ～ 0.8cm，每荚籽粒 4 ～ 6 个，单荚鲜重 10 ～ 14g，单株荚数 100 ～ 150 个，单株鲜荚产量 1.2 ～ 1.6kg。外观品质好，荚壁纤维多，口感品质差。

成熟的豆荚枯黄色，干籽粒黑色，部分带花纹，白脐，椭圆或长椭圆形，百粒重 40 ～ 45g，光泽度中等。中晚熟，感光性强，抗病性中等，抗虫性一般。

【产量表现】按栽培密度 10500 ～ 15000 株/hm^2 计算，一般单季每公顷生产鲜荚 14000 ～ 21000kg。

【栽培注意点】（1）长江中下游地区 6 月中下旬～ 7 月上中旬均可播种。

（2）中晚熟品种，建议秋播。

（3）生长势强，不宜密植。

（4）开花初期、花荚盛期做好豆荚螟的防治。

（卢照龙　狄佳春　拍摄）　（撰写人：狄佳春）

红边扁豆

【品种来源】句容市华阳街道。

【特征特性】植株蔓生，无限结荚习性，生长势强。茎紫绿色，叶色绿，叶脉紫色，叶片偏大。花色紫红，无花序或超短花序。鲜荚长镰刀形，青白带沙红色，缝线红色，荚长 12 ～ 15cm，宽 3 ～ 5cm，荚厚 0.6 ～ 0.8cm，每荚籽粒 4 ～ 6 个，单荚鲜重 15 ～ 17g，单株荚数 50 ～ 100 个，单株鲜荚产量 0.8 ～ 1.2kg。外观品质中等，荚壁纤维中等，口感品质中等。

成熟的豆荚枯黄色，干籽粒暗棕色或棕黑色，部分带花纹，白脐，长扁椭圆形，百粒重 52 ～ 56g，光泽度中等。晚熟，感光性强，抗病性强，抗虫性强。

【产量表现】按栽培密度 105000 ～ 15000 株/hm^2 计算，一般单季每公顷生产鲜荚 10000 ～ 13000kg。

【栽培注意点】（1）长江中下游地区 6 月中下旬～ 7 月上中旬均可播种。

（2）晚熟品种，建议秋播。

（3）生长势强，栽培时应适当稀植。

（4）开花初期、花荚盛期要做好豆荚螟的防治。

（卢照龙　狄佳春　拍摄）　（撰写人：狄佳春）

句容大扁豆

【品种来源】 句容市。

【特征特性】 植株蔓生，无限结荚习性，生长势中等。茎紫绿色，叶绿色，叶脉紫色，叶片偏大。粉红色花序长 15 ～ 25cm。鲜豆荚镰刀形，青绿带沙红，缝线紫红色，荚长 7 ～ 9cm，宽 2 ～ 4cm，荚厚 0.5 ～ 0.7cm，每荚有籽粒 3 ～ 5 个。单荚鲜重 7 ～ 9g，单株荚数 120 ～ 160 个，单株鲜荚产量 1.0 ～ 1.4kg。外观品质中等，荚壁纤维中等，口感品质中等。

成熟的豆荚枯黄色，干籽粒黑色，白脐，长圆形，百粒重 43 ～ 48g，光泽度中等。早熟，感光性弱，抗病性强，抗虫性中等。

【产量表现】 按栽培密度 12000 ～ 16500 株/hm^2 计算，一般单季每公顷生产鲜荚 12000 ～ 16000kg。

【栽培注意点】（1）长江中下游地区 4 月中下旬～ 7 月上中旬均可播种。

（2）荚较大，可作为扁豆新种质创制的一个优良亲本。

（3）开花初期、花荚盛期要做好豆荚螟的防治。

（卢照龙　狄佳春　拍摄）　（撰写人：狄佳春）

马家红扁豆

【品种来源】丹阳市珥陵镇。

【特征特性】植株蔓生，无限结荚习性，生长势中等。茎紫绿色，叶浅绿色，叶脉紫色，叶片偏大。花紫红色，长 10 ～ 20cm。鲜荚镰刀形，紫红色，缝线紫红色，荚长 8 ～ 10cm，荚宽 2 ～ 3cm，荚厚 0.7 ～ 1.0cm，每荚籽粒 4 ～ 5 个，单荚鲜重 8 ～ 10g，单株荚数 60 ～ 100 个，单株鲜荚产量 0.5 ～ 1.0kg。外观品质好，荚壁纤维少，口感品质好。

成熟的豆荚枯黑色，干籽粒红棕或红褐色，部分带花纹，白脐，椭圆形，百粒重 42 ～ 46g，光泽度差。晚熟，感光性强，抗病性强，抗虫性一般，耐寒性强。

【产量表现】按栽培密度 10500 ～ 15000 株/hm^2 计算，一般单季每公顷生产鲜荚 8000 ～ 10000kg。

【栽培注意点】（1）长江中下游地区 6 月中下旬～ 7 月上中旬均可播种。

（2）中晚熟品种，感光性强，建议夏播。

（3）开花初期、花荚盛期做好豆荚螟的防治。

（卢照龙　狄佳春　拍摄）　（撰写人：狄佳春）

扬中白扁豆

【品种来源】扬中市开发区。

【特征特性】植株蔓生，无限结荚习性，生长势强。茎绿紫色，叶色浅绿，叶脉绿色，叶片偏大。紫红色花序，长 5 ～ 15cm。鲜豆荚皮条形，青白色，缝线绿色，荚长 13 ～ 16cm，荚宽 2 ～ 3cm，荚厚 0.5 ～ 0.7cm，每荚籽粒 4 ～ 6 个。单荚鲜重 8 ～ 10g，单株荚数 40 ～ 80 个，单株鲜荚产量 0.4 ～ 0.8kg。外观品质中等，荚壁纤维多，口感品质差。

成熟的豆荚枯黄色，干籽粒红棕或红褐色，部分带花纹，白脐，长扁椭圆形，百粒重 60 ～ 65g，光泽度差。晚熟，感光性强，抗病性中等，抗虫性差。

【产量表现】按栽培密度 10500 ～ 15000 株/hm^2 计算，一般单季每公顷生产鲜荚 5000 ～ 8000kg。

【栽培注意点】（1）长江中下游地区 6 月中下旬～ 7 月上中旬均可播种。

（2）晚熟品种，建议秋播。

（3）生长势强，应适当稀植。

（4）开花初期、花荚盛期要做好豆荚螟的防治。

（卢照龙　狄佳春　拍摄）　（撰写人：狄佳春）

1.9 宿迁市

泗阳紫扁豆

【品种来源】宿迁市南刘集乡。

【特征特性】植株蔓生，无限结荚习性，生长势强。茎紫色，叶色绿，叶脉紫色，叶片偏小。紫红色花序，长 5 ～ 15cm。鲜荚镰刀形，紫红色，后期颜色逐渐加深，变为深紫红色，缝线暗紫红色，荚长 6 ～ 8cm，荚宽 2 ～ 3cm，荚厚 0.5 ～ 0.8cm，每荚籽粒 3 ～ 5 个，单荚鲜重 5 ～ 7g，单株荚数 30 ～ 80 个，单株鲜荚产量 0.3 ～ 0.8kg。外观品质好，荚壁纤维少，口感品质好。

成熟的豆荚枯黑色，干籽粒红褐色，部分带花纹，白脐，圆形，百粒重 40 ～ 44g，光泽度中等。晚熟，感光性强，抗病性中等，抗虫性差，耐寒性强。

【产量表现】按栽培密度 10500 ～ 15000 株/hm^2 计算，一般单季每公顷生产鲜荚 14000 ～ 21000kg。

【栽培注意点】（1）长江中下游地区 6 月中下旬～ 7 月上中旬均可播种。

（2）晚熟品种，建议夏播。

（3）开花初期、花荚盛期做好豆荚螟的防治。

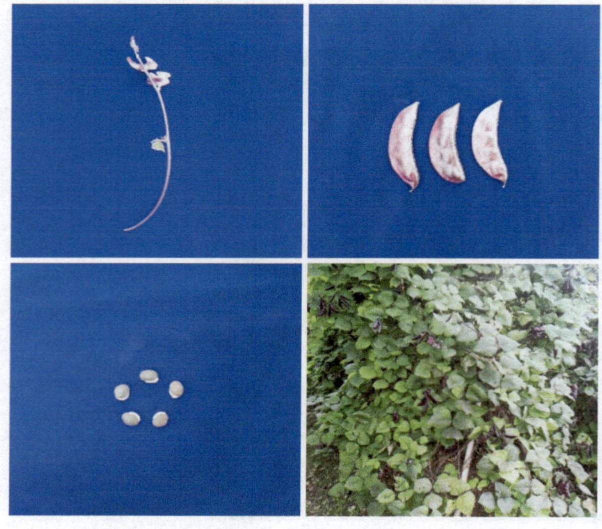

（苏彩霞　栾春荣　拍摄）　（撰写人：栾春荣）

泗阳白扁豆

【品种来源】泗阳县南刘集乡。

【特征特性】植株蔓生，无限结荚习性，生长势强。茎紫绿色，叶色浅绿，叶脉紫色，叶片偏大。花色紫红，无花序或超短花序。鲜荚长青白色，镰刀形，缝线淡红色，荚长 12 ～ 16cm，荚宽 2 ～ 3cm，荚厚 0.5 ～ 0.8cm，每荚籽粒 4 ～ 6 个，单荚鲜重 12 ～ 15g，单株荚数 50 ～ 100 个，单株鲜荚产量 0.5 ～ 1.0kg。外观品质中等，荚壁纤维多，口感品质差。

成熟的豆荚枯黄色，干籽粒暗棕红色或深褐色，部分带花纹，白脐，长扁椭圆形，百粒重 62 ～ 66g，光泽度好。晚熟，感光性强，抗病性中等，抗虫性一般。

【产量表现】按栽培密度 10500 ～ 15000 株/hm^2 计算，一般单季每公顷生产鲜荚 8000 ～ 12000kg。

【栽培注意点】（1）长江中下游地区 6 月中下旬～ 7 月上中旬均可播种。

（2）开花初期、花荚盛期做好豆荚螟的防治。

（苏彩霞　栾春荣　拍摄）　（撰写人：栾春荣）

葱管茶豆

【品种来源】泗阳县南刘集乡。

【特征特性】植株蔓生，无限结荚习性，生长势强。茎绿色，叶色绿，叶脉绿色，叶片中等大小。白色花序，长 5 ～ 15cm。鲜荚葱管形或棍形，青绿色，绿色缝线，荚长 10 ～ 13cm，荚宽 1.2 ～ 2.2cm，荚厚 0.5 ～ 0.9cm，每荚籽粒 3 ～ 5 个，单荚鲜重 5 ～ 7g，单株荚数 50 ～ 100 个，单株鲜荚产量 0.5 ～ 0.7kg。外观品质中等，荚壁纤维中等，口感品质中等。

成熟的豆荚枯黄色，干籽粒红棕或棕色，部分带花纹，白脐，长葱管形，百粒重 44 ～ 48g，光泽度好。晚熟，感光性强，抗病性中等，抗虫性差，耐寒性差。

【产量表现】按栽培密度 10500 ～ 15000 株/hm^2 计算，一般单季每公顷生产鲜荚 6000 ～ 8000kg。

【栽培注意点】（1）长江中下游地区 6 月中下旬～ 7 月上中旬均可播种。

（2）开花初期、花荚盛期做好豆荚螟、蚜虫的防治。

（苏彩霞　栾春荣　拍摄）　（撰写人：栾春荣）

里仁扁豆

【品种来源】 泗阳县里仁乡。

【特征特性】 植株蔓生，无限结荚习性，生长势强。茎绿色，叶绿色，叶脉绿色，叶片中等大小。白色花序，长 5 ～ 15cm。鲜荚直刀形或皮条形，淡绿色，缝线绿色，荚长 10 ～ 13cm，荚宽 3 ～ 5cm，荚厚 0.5 ～ 0.7cm，每荚籽粒 4 ～ 6 个，单荚鲜重 11 ～ 14g，单株荚数 40 ～ 80 个，单株鲜荚产量 0.5 ～ 1.0kg。外观品质中等，荚壁纤维多，口感品质差。

成熟的豆荚枯黄色，干籽粒棕色或红棕色，部分带花纹，白脐，椭圆形，百粒重 40 ～ 44g，光泽度好。晚熟，感光性强，抗病性中等，抗虫性中等，耐寒性差。

【产量表现】 按栽培密度 10500 ～ 15000 株/hm^2 计算，一般单季每公顷生产鲜荚 7000 ～ 10000kg。

【栽培注意点】（1）长江中下游地区 6 月中下旬～ 7 月上中旬均可播种。

（2）品种晚熟，建议秋播。

（3）品种不耐寒，霜冻前需及时采摘。

（4）品种形成种子较缓慢，批量一次性收获有困难。

（5）开花初期、花荚盛期做好豆荚螟、蚜虫的防治。

（苏彩霞　栾春荣　拍摄）　（撰写人：栾春荣）

泗阳红扁豆

【品种来源】泗阳县里仁乡。

【特征特性】植株蔓生，无限结荚习性，生长势强。茎紫色，叶绿色，叶脉紫色，叶片偏小。紫色花序，长 5 ～ 15cm。鲜荚镰刀形，紫红色（后期颜色加深，变为深紫红色），缝线暗紫色，荚长 6 ～ 8cm，荚宽 2 ～ 3cm，荚厚 0.6 ～ 0.8cm，每荚籽粒 3 ～ 5 个，单荚鲜重 4 ～ 6g，单株荚数 60 ～ 110 个，单株产量 0.5 ～ 0.6kg。外观品质好，荚壁纤维少，口感品质好。

成熟的豆荚枯黑色，干籽粒棕黑色或暗棕色，部分带花纹，白脐，圆形，百粒重 42 ～ 46g，光泽度中等。晚熟，感光性强，抗病性中等，抗虫性差，耐寒性强。

【产量表现】按栽培密度 10500 ～ 15000 株/hm^2 计算，一般单季每公顷生产鲜荚 7000 ～ 10000kg。

【栽培注意点】（1）长江中下游地区 6 月中下旬～ 7 月上中旬均可播种。

（2）品种晚熟，建议夏播。

（3）开花初期、花荚盛期做好豆荚螟、蚜虫的防治。

（苏彩霞　栾春荣　拍摄）　（撰写人：栾春荣）

1.10　无锡市

杨巷扁豆

【品种来源】宜兴市杨巷镇。

【特征特性】植株蔓生，无限结荚习性，生长势强。茎紫绿色，叶绿色，叶片大小中等，叶脉淡紫色。紫红色花序，长 10 ～ 20cm。鲜荚青绿带沙红色，后期红色褪去，变为白色，镰刀形，缝线紫红色，荚长 7 ～ 9cm，荚宽 2 ～ 3cm，荚厚 0.8 ～ 1.0cm，每荚籽粒 3 ～ 5 个，单荚鲜重 9 ～ 11g，单株荚数 120 ～ 150 个，单株鲜荚产量 1.3 ～ 1.5kg。外观品质好，荚壁纤维少，口感品质好。

成熟的豆荚枯黄色，干籽粒红褐色或红色，部分带花纹，白脐，椭圆形，百粒重 44 ～ 48g，光泽度中等。中晚熟，感光性强，抗病性中等，抗虫性差，耐寒性强。

【产量表现】按栽培密度 10500 ～ 15000 株/hm^2 计算，一般单季每公顷生产鲜荚 14000 ～ 21000kg。

【栽培注意点】（1）长江中下游地区 4 月中下旬～ 7 月上中旬均可播种。

（2）如早春设施栽，需采取摘心打顶措施，以促花促荚。

（3）生长势较强，须适当稀植。

（4）开花初期、花荚盛期要做好豆荚螟的防治。

（孟姗　朱银　拍摄）　（撰写人：江苏省农科院种质资源与生物技术研究所　孟姗）

宜兴红扁豆

【品种来源】宜兴市杨巷镇。

【特征特性】植株蔓生，无限结荚习性，生长势中等。茎紫绿色，叶浅绿色，叶片中等大小，叶脉紫色。紫红色花序，长5～15cm，鲜荚长紫红色，镰刀形，缝线紫红色，荚长7～9cm，荚宽1.5～2.5cm，荚厚0.7～0.9cm，每荚籽粒3～5个，单荚鲜重6～8g，单株荚数60～100个，单株鲜荚产量0.5～0.8kg。外观品质好，荚壁纤维少，口感品质好。

成熟的豆荚枯黑色，干籽粒红褐色，部分带花纹，白脐，椭圆形，百粒重38～42g，光泽度中等。晚熟，感光性强，抗病性强，抗虫性强，耐寒性强。

【产量表现】按栽培密度10500～15000株/hm^{2}计算，一般单季每公顷生产鲜荚5500～7500kg。

【栽培注意点】（1）长江中下游地区6月中下旬～7月上中旬均可播种。

（2）品种感光性强，不建议早春栽培。

（3）开花初期、花荚盛期做好豆荚螟的防治。

（孟姗　朱银　拍摄）　（撰写人：孟姗）

宜兴青扁豆

【品种来源】宜兴市。

【特征特性】植株蔓生，无限结荚习性，生长势强。茎绿色，叶绿色，叶片偏大，叶脉绿色。白色花序，长 10 ～ 20cm。鲜荚猪耳朵形，青白色，缝线青绿色，荚长 8 ～ 10cm，荚宽 2 ～ 3cm，荚厚 0.5 ～ 0.7cm，每荚籽粒 3 ～ 5 个。单荚鲜重 6 ～ 8g，单株荚数 150 ～ 200 个，单株鲜荚产量 1.2 ～ 1.6kg。外观品质中等，荚壁纤维多，口感品质差。

成熟的豆荚枯黄色，干籽粒亮棕或红棕色，无花纹，白脐，椭圆形，百粒重 45 ～ 50g，光泽度好。中熟，感光性中等，抗病性中等，抗虫性中等，耐寒性强。

【产量表现】按栽培密度 10500 ～ 15000 株/hm^2 计算，一般单季每公顷生产鲜荚 18000 ～ 27000kg。

【栽培注意点】（1）长江中下游地区 4 月中下旬～ 7 月上中旬均可播种。

（2）开花初期、花荚盛期做好豆荚螟的防治。

（孟姗　朱银　拍摄）（撰写人：江苏省农科院种质资源与生物技术研究所　朱银）

小红扁豆

【品种来源】 宜兴市。

【特征特性】 植株蔓生，无限结荚习性，生长势强。茎紫色，叶绿色，叶脉紫色，叶片偏大。紫红色花序，长 15 ～ 25cm。鲜荚长镰刀形，亮紫红色（背光部分嫩荚花青素含量少，颜色浅），缝线暗紫红色，荚长 9 ～ 11cm，荚宽 2 ～ 3cm，荚厚 0.6 ～ 0.8cm，每荚籽粒 3 ～ 5 个。单荚鲜重 7 ～ 9g，单株荚数 140 ～ 190 个，单株产量 1.0 ～ 1.5kg。外观口感好，荚壁纤维少，口感品质好。

成熟的豆荚枯黑色，干籽粒棕黑或棕褐色，部分带花纹，白脐，椭圆形，百粒重 53 ～ 58g，光泽度中等。中晚熟，感光性中等，抗病性强，抗虫性强，耐寒性强。

【产量表现】 按栽培密度 10500 ～ 15000 株/hm^2 计算，一般单季每公顷生产鲜荚 12000 ～ 18000kg。

【栽培注意点】（1）长江中下游地区 6 月中下旬～ 7 月上中旬均可播种。

（2）中晚熟品种，不建议早春栽培。

（3）开花初期、花荚盛期做好豆荚螟的防治。

（孟姗　朱银　拍摄）　（撰写人：朱银）

1.11 淮安市

盱眙紫扁豆

【品种来源】 盱眙县旧铺镇。

【特征特性】 植株蔓生，无限结荚习性，生长势强。茎紫色，叶绿色，叶脉紫色，叶片中等大小。紫红色花序，长 20 ～ 30cm。鲜荚镰刀形，紫红色，后期颜色逐渐加深，变为深紫色，缝线紫红色，荚长 6 ～ 8cm，荚宽 2 ～ 3cm，荚厚 0.6 ～ 0.8cm，每荚籽粒 2 ～ 3 个，单荚鲜重 5 ～ 7g，单株荚数 200 ～ 250 个，单株产量 1.0 ～ 1.5kg。外观品质好，荚壁纤维少，口感品质好。

成熟的豆荚枯黑色，干籽粒红褐或褐色，部分带花纹，白脐，圆形，百粒重 42 ～ 46g，光泽度中等。中熟，感光性中等，抗病性中等，抗虫性强，耐寒性强。

【产量表现】 按栽培密度 10500 ～ 15000 株/hm^2 计算，一般单季每公顷生产鲜荚 13000 ～ 19000kg。

【栽培注意点】（1）长江中下游地区 4 月中下旬～ 7 月上中旬均可播种。

（2）建议夏播为佳。

（3）花色、荚色均很亮丽，可推荐为观赏性品种。

（4）开花初期、花荚盛期做好豆荚螟的防治。

（常亚芸　陈翠明　拍摄）　（撰写人：苏彩霞）

茶豆角

【品种来源】淮安市淮阴区渔沟镇。

【特征特性】植株蔓生，无限结荚习性，生长势中等。茎紫绿色，叶绿色，叶脉紫色，叶片偏大，紫红色花序，长 5 ～ 15cm，鲜豆荚镰刀形，紫红色，缝线紫红色，鲜荚长 6 ～ 8cm，荚宽 1.5 ～ 2.5cm，荚厚 0.6 ～ 0.8cm，每荚籽粒 2 ～ 3 个。单荚鲜重 4 ～ 6g，单株荚数 100 ～ 150 个，单株产量 0.5 ～ 0.9kg。外观品质好，荚壁纤维少，口感品质好。

成熟的豆荚枯黑色，干籽粒深红褐色或红棕色，部分带花纹，白脐，圆形，百粒重 35 ～ 40g，光泽度中。中晚熟，感光性强，抗病性中等，抗虫性差，耐寒性强。

【产量表现】按栽培密度 12000 ～ 16500 株/hm^2 计算，一般单季每公顷生产鲜荚 8000 ～ 10000kg。

【栽培注意点】（1）长江中下游地区 6 月中下旬～ 7 月上中旬均可播种。

（2）中晚熟品种，不建议春播。

（3）开花初期、花荚盛期做好豆荚螟的防治。

（常亚芸　陈翠明　拍摄）　（撰写人：苏彩霞）

【品种来源】淮安市淮安区。

【特征特性】植株蔓生，无限结荚习性，生长势中等。茎绿紫色，叶浅绿色，叶脉绿色，叶片中等大小。紫红色花序，长10～20cm。鲜荚镰刀形，青白色，缝线绿色，荚长10～12cm，荚宽2～3cm，荚厚0.6～0.8cm，每荚籽粒4～6个，单荚鲜重8～10g，单株荚数50～100个，单株产量0.5～1.0kg。外观品质中等，荚壁纤维多，口感品质差。

成熟的豆荚枯黑色，干籽粒深褐色或暗红色，部分带花纹，白脐，长扁椭圆形，百粒重54～58g，光泽中等。晚熟，感光性强，抗病性中等，抗虫性差。

【产量表现】按栽培密度10500～15000株/hm^2计算，一般单季每公顷生产鲜荚6000～8000kg。

【栽培注意点】（1）长江中下游地区6月中下旬～7月上中旬均可播种。

（2）叶斑病较重，田间注意防涝防渍。

（3）开花初期、花荚盛期做好豆荚螟的防治。

（常亚芸　陈翠明　拍摄）　（撰写人：苏彩霞）

1.12 扬州市

刘集扁豆

【品种来源】 仪征市刘集镇。

【特征特性】 植株蔓生，无限结荚习性，生长势强。茎紫绿色，叶绿色，叶脉紫色，叶片中等大小。紫红色花序，长 15 ～ 25cm，鲜荚青白色带沙红，镰刀形，缝线紫红色，荚长 6 ～ 8cm，荚宽 2 ～ 3cm，荚厚 0.6 ～ 0.8cm，每荚籽粒 3 ～ 5 个，单荚鲜重 4 ～ 6g，单株荚数 80 ～ 150 个，单株鲜荚产量 0.5 ～ 0.9kg。外观品质好，荚壁纤维少，口感品质好。

成熟的豆荚枯黄色，干籽粒深褐色或黑色，部分带花纹，白脐，圆形，百粒重 38 ～ 42g，光泽中等。中晚熟，感光性强，抗病性中等，抗虫性中等，耐寒性强。

【产量表现】 按栽培密度 10500 ～ 15000 株/hm^2 计算，一般单季每公顷生产鲜荚 6000 ～ 8000kg。

【栽培注意点】（1）长江中下游地区 4 月中下旬～ 7 月上中旬均可播种。

（2）中晚熟品种，不建议春播。

（3）生长势强，应适当稀植。

（4）开花初期、花荚盛期做好豆荚螟的防治。

（张旭　季国民　拍摄）　（撰写人：苏彩霞）

月塘扁豆

【品种来源】仪征市月塘镇。

【特征特性】植株蔓生，无限结荚习性，生长势中等。茎紫色，叶绿色，叶脉紫色，叶片偏小。紫红色花序，长 10 ～ 20cm。鲜荚镰刀形，紫红色，缝线紫红色，荚长 6 ～ 8cm，荚宽 1.5 ～ 2.5cm，荚厚 0.8 ～ 1.1cm，每荚籽粒 3 ～ 5 个，单荚鲜重 5 ～ 7g，单株荚数 300～350个，单株鲜荚产量1.7～2.4kg。外观品质好，荚壁纤维少，口感品质好。

成熟的豆荚枯黑色，干籽粒暗红或深褐色，部分带花纹，白脐，圆形较小，百粒重 34 ～ 38g，光泽度中等。中晚熟，感光性强，抗病性差，抗虫性差。

【产量表现】按栽培密度 10500 ～ 15000 株/hm^2 计算，一般单季每公顷生产鲜荚 20000 ～ 28000kg。

【栽培注意点】（1）长江中下游地区 4 月中下旬～ 7 月上中旬均可播种。

（2）中晚熟品种，建议夏播。

（3）开花初期、花荚盛期做好豆荚螟的防治。

（张旭　季国民　拍摄）　（撰写人：苏彩霞）

1.13 连云港市

苦米豆

【品种来源】连云港市赣榆区班庄镇。

【特征特性】植株蔓生，无限结荚习性，生长势强。茎绿紫色，叶绿色，叶脉绿色，叶片中等大小。粉色花序，长 5 ～ 15cm。鲜豆荚直刀形或宽皮条形，青绿色，缝线绿色，荚长 8 ～ 11cm，荚宽 3 ～ 4cm，荚厚 0.5 ～ 0.6cm，每荚籽粒 3 ～ 5 个。单荚鲜重 6 ～ 8g，单株荚数 40 ～ 100 个，单株产量 0.4 ～ 0.8kg。外观品质中等，荚壁纤维多，口感品质差。

成熟的豆荚枯黄色，干籽粒红褐色或暗红色，部分带花纹，白脐，长椭圆形，百粒重 60 ～ 64g，光泽度好。晚熟，感光性强，抗病性差，抗虫性中等，耐寒性差。

【产量表现】按栽培密度 10500 ～ 15000 株/hm^2 计算，一般单季每公顷生产鲜荚 5000 ～ 7000kg。

【栽培注意点】（1）长江中下游地区 6 月中下旬～ 7 月上中旬均可播种。

（2）耐寒性较差，霜冻前需及时采摘。

（3）种子形成过程慢，批量收获种子困难，需趁晴天抢收。

（4）开花初期、花荚盛期要做好豆荚螟的防治。

（张旭　季国民　拍摄）　（撰写人：苏彩霞）

青口扁豆

【品种来源】连云港市赣榆区青口镇。

【特征特性】植株蔓生，无限结荚习性，生长势强。茎绿色，叶绿色，叶脉绿色，叶片中等大小。白色无花序或超短花序。鲜荚长镰刀形，青白色，缝线绿色，荚长 13 ～ 17cm，荚宽 3 ～ 5cm，荚厚 0.6 ～ 0.9cm，每荚籽粒 3 ～ 5 个。单荚鲜重 12 ～ 15g，单株荚数 180 ～ 230 个，单株产量 2.5 ～ 3.0kg。外观品质中等，荚壁纤维多，口感品质差。

成熟的豆荚枯黄色，干籽粒红棕色或红褐色，部分带花纹，白脐，长扁椭圆形，百粒重 40 ～ 44g，光泽度好。中晚熟，感光性强，抗病性较好，抗虫性中等。

【产量表现】按栽培密度 10500 ～ 15000 株/hm^2 计算，一般单季每公顷生产鲜荚 27000 ～ 39000kg。

【栽培注意点】（1）长江中下游地区 6 月中下旬～ 7 月上中旬均可播种。

（2）开花初期、花荚盛期要做好豆荚螟的防治。

（张旭　季国民　拍摄）　（撰写人：苏彩霞）

第2章 浙江省

2.1 杭州市

红花扁豆

【品种来源】杭州市。

【特征特性】植株蔓生，无限结荚习性，生长势强。茎紫色，叶色浅绿，叶脉浅绿色，叶片中等大小。粉红色花序，长 20 ～ 30cm。鲜豆荚紫红色，镰刀形，缝线暗紫色，荚长 7 ～ 9cm，荚宽 2 ～ 3cm，荚厚 0.7 ～ 0.9cm，每荚籽粒 3 ～ 5 个，鲜荚重 7 ～ 9g，单株荚数 250 ～ 300 个，单株鲜荚产量 2.0 ～ 2.5kg。外观品质好，荚壁纤维少，口感品质好。

成熟干籽粒红褐色，部分带花纹，白脐，椭圆形，光泽度差，百粒重 40 ～ 45g。晚熟，感光性中等，抗病性差，抗虫性中等，耐寒性强。

【产量表现】按栽培密度 10500 ～ 15000 株/hm^2 计算，一般单季每公顷生产鲜荚 23000 ～ 34000kg。

【栽培注意点】（1）长江中下游地区 6 月中下旬～ 7 月上中旬均可播种。

（2）花序中长，荚色亮丽，可推荐为观赏性的景观品种。

（3）开花初期、花荚盛期要做好豆荚螟的防治。

（刘合芹　陈合云　拍摄）

（撰写人：浙江省农科院作物与核技术利用研究所　刘合芹　陈合云）

杭州红扁豆

【品种来源】杭州市。

【特征特性】植株蔓生，无限结荚习性，生长势强。茎紫色，叶片偏小，叶脉紫色，叶色浅绿（后期部分叶片变为深紫色）。红色花序长 20 ～ 30cm。鲜荚紫红色（后期变为深紫色），镰刀形，缝线暗紫色；荚长 7 ～ 9cm，荚宽 2 ～ 4cm，荚厚 0.7 ～ 1.0cm，每荚有籽粒 3 ～ 5 粒；荚重 9 ～ 11g，单株荚数 200 ～ 250 个，单株鲜荚产量 1.8 ～ 2.3kg，外观品质好，荚壁纤维少，口感品质好。

成熟干籽粒黑色或红褐色，无花纹，白脐，椭圆形，光泽度中等，百粒重 30 ～ 35g。晚熟，感光性中等，抗病性差，抗虫性强，耐寒性强。

【产量表现】按栽培密度 10500 ～ 15000 株/hm^2 计算，一般单季每公顷生产鲜荚 22000 ～ 30000kg。

【栽培注意点】（1）长江中下游地区 6 月中下旬～ 7 月上中旬均可播种。

（2）开花初期、花荚盛期要做好豆荚螟的防治。

（刘合芹　陈合云　拍摄）　（撰写人：刘合芹　陈合云）

杭州紫扁豆

【品种来源】杭州市淳安县王阜乡郑中村。

【特征特性】植株蔓生，无限结荚习性，生长势强。茎紫色，叶脉紫色，叶色深绿，中等偏大。粉红色花序，长 15 ～ 25cm。鲜荚紫红带白色，长镰刀形，缝线暗紫色，荚长 12 ～ 14cm，荚宽 2 ～ 3cm，荚厚 0.4 ～ 0.6cm，每荚有籽粒 4 ～ 6 粒，鲜荚重 9 ～ 11g，单株荚数 150 ～ 200 个，单株鲜荚产量 1.5 ～ 2.0kg，外观品质中等，荚壁纤维中等，口感品质中等。

成熟干籽粒黑色或深褐色，部分带花纹，白脐，椭圆形，光泽度中等，百粒重 38 ～ 42g。中熟，感光性中等，抗病性中等，抗虫性强，耐寒性强。

【产量表现】按栽培密度 10500 ～ 15000 株/hm^2 计算，一般单季每公顷生产鲜荚 10000 ～ 14000kg。

【栽培注意点】（1）长江中下游地区 6 月中下旬～ 7 月上中旬均可播种。

（2）鲜荚较长，籽粒多，可作为新种质创制的优异亲本。

（3）在开花初期、花荚盛期做好豆荚螟的防治。

（刘合芹　陈合云　拍摄）　（撰写人：刘合芹　陈合云）

清凉峰白扁豆

【品种来源】杭州市临安区清凉峰镇。

【特征特性】植株蔓生，无限结荚习性，生长势强。茎绿色，叶脉绿色，叶绿色，中等大小。红色花序长 10 ～ 20cm。鲜荚青绿带沙红色，镰刀形，缝线紫红色，荚长 10 ～ 12cm，荚宽 3 ～ 4cm，荚厚 0.4 ～ 0.6cm，每荚有籽粒 3 ～ 5 个，单荚鲜重 7 ～ 9g，单株荚数 200 ～ 250 个，单株鲜荚产量 1.5 ～ 2.0kg。外观品质中等，荚壁纤维多，口感品质差。

成熟干籽粒黑色或深褐色，部分带花纹，白脐，椭圆形，光泽度中等，百粒重 38 ～ 42g。中晚熟，感光性中等，抗病性中等，抗虫性中等，耐寒性强。

【产量表现】按栽培密度 10500 ～ 15000 株/hm^2 计算，一般单季每公顷生产鲜荚 17000 ～ 25000kg。

【栽培注意点】（1）长江中下游地区 6 月中下旬～ 7 月上中旬均可播种。

（2）开花初期、花荚盛期做好豆荚螟的防治。

（刘合芹　陈合云　拍摄）　（撰写人：刘合芹　陈合云）

临安青扁豆

【品种来源】杭州市临安区岛石镇。

【特征特性】植株蔓生，无限结荚习性，生长势强。茎绿色，叶脉绿色，叶片绿色，中等大小。粉红色花序长 15 ～ 25cm。鲜荚青白色，猪耳朵形，缝线青绿色；荚长 8 ～ 10cm，荚宽 3 ～ 4cm，荚厚 0.6 ～ 0.7cm，每荚有籽粒 3 ～ 5 个，单荚鲜重 9 ～ 11g，单株荚数 100 ～ 150 个，单株鲜荚产量 0.8 ～ 1.3kg，外观品质中等，荚壁纤维多，口感品质差。

成熟干籽粒黑色或棕褐色，部分带花纹，白脐，椭圆形，光泽度中等，百粒重 38 ～ 42g。中晚熟，感光性中等，抗病性中等，抗虫性中等，耐寒性强。

【产量表现】按栽培密度 10500 ～ 15000 株/hm^2 计算，一般单季每公顷生产鲜荚 9000 ～ 12000kg。

【栽培注意点】（1）长江中下游地区 6 月中下旬～ 7 月上中旬均可播种。

（2）开花初期、花荚盛期做好豆荚螟的防治。

（刘合芹　陈合云　拍摄）　（撰写人：刘合芹　陈合云）

清凉峰冬扁豆

【品种来源】杭州市临安区清凉峰镇。

【特征特性】植株蔓生，无限结荚习性，生长势强。茎绿色，叶脉绿色，叶片绿色，中等大小。粉红色花序长 10 ～ 20cm。鲜荚青白色，皮条形或剑形，缝线青绿色；荚长 10 ～ 12cm，荚宽 3 ～ 4cm，荚厚 0.5 ～ 0.6cm，每荚有籽粒 3 ～ 5 个，单荚鲜重 7 ～ 9g，单株荚数 120 ～ 180 个，单株鲜荚产量 0.8 ～ 1.3kg。外观品质中等，荚壁纤维多，口感品质差。

成熟干籽粒黑色或深褐色，部分带花纹，白脐，椭圆形，光泽度中等，百粒重 38 ～ 42g。中晚熟，感光性中等，抗病性强，抗虫性强。

【产量表现】按栽培密度 10500 ～ 15000 株/hm^2 计算，一般单季每公顷生产鲜荚 7000 ～ 10000kg。

【栽培注意点】（1）长江中下游地区 6 月中下旬～ 7 月上中旬均可播种。

（2）开花初期、花荚盛期做好豆荚螟的防治。

（刘合芹　陈合云　拍摄）　（撰写人：刘合芹　陈合云）

富阳红花扁豆

【品种来源】杭州市富阳区渔山乡。

【特征特性】植株蔓生，无限结荚习性，生长势强。茎绿色，叶片中等偏小，叶脉绿色，叶绿色。花色粉红，花序长 10 ～ 20cm。鲜荚青白带沙红，长猪耳朵形，缝线紫红色，荚长 9 ～ 11cm，荚宽 3 ～ 4cm，荚厚 0.6 ～ 0.8cm，每荚有籽粒 4 ～ 6 个，单荚鲜重 9 ～ 10g，单株荚数 100 ～ 150 个，单株鲜荚产量 0.9 ～ 1.4kg。外观品质中等，荚壁纤维少，口感品质好。

成熟干籽粒黑色或深褐色，部分带花纹，白脐，椭圆形，光泽度中等，百粒重 38 ～ 42g。中熟，感光性中等，抗病性中等，抗虫性中等，耐寒性强。

【产量表现】按栽培密度 10500 ～ 15000 株/hm^2 计算，一般单季每公顷生产鲜荚 7000 ～ 9000kg。

【栽培注意点】（1）长江中下游地区 4 月中下旬～ 7 月上中旬均可播种。

（2）开花初期、花荚盛期要做好豆荚螟的防治。

（刘合芹　陈合云　拍摄）　（撰写人：刘合芹　陈合云）

2.2 湖州市

红花洋眼扁豆

【品种来源】 湖州市安吉县。

【特征特性】 植株蔓生，无限结荚习性，生长势中等。茎绿紫色，叶片浅绿色，偏小，叶脉绿色；红色花，无花序或超短花序。鲜荚青白色，长镰刀形，缝线青绿色；荚长 9 ～ 11cm，荚宽 2 ～ 3cm，荚厚 0.5 ～ 0.7 cm，每荚有籽粒 3 ～ 5 粒；鲜荚重 6 ～ 7g，单株荚数 250 ～ 300 个，单株鲜荚产量 1.5 ～ 2.0kg，外观品质中等，荚壁纤维中等，口感品质中等。

成熟干籽粒红褐色，无花纹，白脐，椭圆形，光泽度中等，百粒重 35 ～ 40g。中晚熟，感光性中等，抗病性差，抗虫性较好，耐寒性强。

【产量表现】 按栽培密度 10500 ～ 15000 株/hm^2 计算，一般单季每公顷生产鲜荚 24000 ～ 34000kg。

【栽培注意点】（1）长江中下游地区 6 月中下旬～ 7 月上中旬均可播种。

（2）开花初期、花荚盛期要做好豆荚螟的防治。

（刘合芹　陈合云　拍摄）　（撰写人：刘合芹　陈合云）

湖州青白扁豆

【品种来源】湖州市。

【特征特性】植株蔓生，无限结荚习性，生长势强。茎绿紫色，叶片绿色，中等大小，叶脉绿色，花色粉红，无花序或超短花序。鲜荚青白色，镰刀形，缝线青绿色；荚长 8 ～ 11cm，荚宽 2 ～ 3cm，荚厚 0.6 ～ 0.8cm，每荚有籽粒 3 ～ 5 粒，单荚鲜重 7 ～ 9g，单株荚数 200 ～ 250 个，单株鲜荚产量 1.4 ～ 2.1kg，外观品质中等，荚壁纤维中等，口感品质中等。

成熟干籽粒黑色或红褐色，无花纹，白脐，椭圆形，光泽度差，百粒重 35 ～ 40g。晚熟，感光性中等，抗病性中等，抗虫性差，耐寒性强。

【产量表现】按栽培密度 10500 ～ 15000 株/hm^2 计算，一般单季每公顷生产鲜荚 16000 ～ 22000kg。

【栽培注意点】（1）长江中下游地区 6 月中下旬～ 7 月上中旬均可播种。

（2）开花初期、花荚盛期做好豆荚螟的防治。

（刘合芹　陈合云　拍摄）　（撰写人：刘合芹　陈合云）

红长扁豆

【品种来源】湖州市。

【特征特性】植株蔓生，无限结荚习性，生长势强。茎紫色，叶脉紫色，叶色浅绿，叶片中等大小。紫红色花序长 15 ～ 30cm。鲜荚青绿带沙红色，镰刀形，缝线暗紫色，荚长 7 ～ 9cm，荚宽 2 ～ 3cm，荚厚 0.6 ～ 0.9cm，每荚籽粒 3 ～ 5 粒，鲜荚重 6 ～ 8g，单株荚数 150 ～ 200 个，单株鲜荚产量 1.0 ～ 1.5kg。外观品质中等，荚壁纤维中等，口感品质中等。

成熟干籽粒红褐色，无花纹，白脐，椭圆形，光泽度好，百粒重 35 ～ 40g。特早熟，感光性中等，抗病性中等，抗虫性强。

【产量表现】按栽培密度 10500 ～ 15000 株/hm^2 计算，一般单季每公顷生产鲜荚 12000 ～ 18000kg。

【栽培注意点】（1）长江中下游地区 4 月中下旬～ 7 月上中旬均可播种。

（2）在开花初期、花荚盛期做好豆荚螟的防治。

（刘合芹　陈合云　拍摄）　（撰写人：刘合芹　陈合云）

湖州紫扁豆

【品种来源】湖州市长兴县林城镇。

【特征特性】植株蔓生，无限结荚习性，生长势强。茎绿紫色，叶色绿（后期部分叶片变为深紫色），叶脉绿色，叶片中等大小。花粉红色，无花序或超短花序。鲜荚朱红色，猪耳朵形，缝线暗紫色，荚长7～9cm，荚宽2～3cm，荚厚0.5～0.7cm，每荚有籽粒3～5粒，单荚鲜重6～7g，单株荚数150～200个，单株鲜荚产量1.0～1.4kg。外观品质好，荚壁纤维少，口感品质好。

成熟干籽粒黑色或深褐色，部分带花纹，白脐，椭圆形，光泽度中等，百粒重38～42g。中晚熟，感光性中等，抗病性中等，抗虫性中等，耐寒性强。

【产量表现】按栽培密度10500～15000株/hm^{2}计算，一般单季每公顷生产鲜荚13000～18000kg。

【栽培注意点】（1）长江中下游地区6月中下旬～7月上中旬均可播种。

（2）在开花初期、花荚盛期做好豆荚螟的防治。

（刘合芹　陈合云　拍摄）　（撰写人：刘合芹　陈合云）

2.3 丽水市

龙泉红扁豆

【品种来源】龙泉市住龙镇住溪村。

【特征特性】植株蔓生，无限结荚习性，生长势强。茎紫色，叶绿色（后期部分叶片变为深紫色），叶脉紫色，叶片偏大。红色（带白）花序长15～25cm。鲜荚紫红，镰刀形，缝线深紫色，荚长5～6cm，荚宽2～3cm，荚厚0.8～0.9cm，每荚有籽粒3～5个，单荚鲜重8～9g，单株荚数100～150个，单株鲜荚产量0.8～1.0kg。外观品质好，荚壁纤维少，口感品质好。

成熟干籽粒黑色或深褐色，部分带花纹，白脐，椭圆形，光泽度中等，百粒重38～42g。中晚熟，感光性中等，抗病性中等，抗虫性中等，耐寒性强。

【产量表现】按栽培密度10500～15000株/hm^{2}计算，一般单季每公顷生产鲜荚16000～22000kg。

【栽培注意点】（1）长江中下游地区6月中下旬～7月上中旬均可播种。

（2）开花初期、花荚盛期要做好豆荚螟的防治。

（刘合芹　陈合云　拍摄）　（撰写人：刘合芹　陈合云）

景宁扁豆

【品种来源】景宁县沙湾镇。

【特征特性】植株蔓生，无限结荚习性，生长势强。茎绿色，叶绿色，叶脉绿色，叶片中等偏大。花色粉红，无花序或超短花序。鲜荚青白色，镰刀形，缝线青绿色，荚长 7 ～ 9cm，荚宽 1 ～ 3cm，荚厚 0.5 ～ 0.7cm，每荚有籽粒 3 ～ 5 个，单荚鲜重 6 ～ 8g，单株荚数 150 ～ 200 个，单株鲜荚产量 0.9 ～ 1.3kg，外观品质中等，荚壁纤维中等，口感品质中等。

成熟干籽粒黑色或深褐色，部分带花纹，白脐，椭圆形，光泽度中等，百粒重 38 ～ 42g。中熟，感光性中等，抗病性中等，抗虫性差，耐寒性强。

【产量表现】按栽培密度 10500 ～ 15000 株/hm^2 计算，一般单季每公顷生产鲜荚 10000 ～ 13000kg。

【栽培注意点】（1）长江中下游地区 4 月中下旬～ 7 月上中旬均可播种。

（2）在开花初期、花荚盛期要做好豆荚螟的防治。

（刘合芹　陈合云　拍摄）　（撰写人：刘合芹　陈合云）

庆元紫扁豆

【品种来源】 丽水市庆元县竹口镇竹上村。

【特征特性】 植株蔓生，无限结荚习性，生长势强。茎紫色，叶脉紫色，叶深绿色，叶片偏大。红色花序长 15 ～ 25cm。鲜荚紫红色，镰刀形，缝线暗紫色，荚长 6 ～ 8cm，荚宽 2 ～ 3cm，荚厚 0.8 ～ 1.0cm，每荚籽粒 3 ～ 5 个，单荚鲜重 8 ～ 9g，单株荚数 150～200 个，单株鲜荚产量 1.0～1.5kg。外观品质好，荚壁纤维少，口感品质好。

成熟干籽粒黑色或深褐色，部分带花纹，白脐，椭圆形，光泽度中等，百粒重 38 ～ 42g。中熟，感光性中等，抗病性中等，抗虫性中等，耐寒性强。

【产量表现】 按栽培密度 10500 ～ 15000 株/hm^2 计算，一般单季每公顷生产鲜荚 15000 ～ 21000kg。

【栽培注意点】（1）长江中下游地区 4 月中下旬～ 7 月上中旬均可播种。

（2）花序和荚色均很亮丽，可推荐为观赏性品种。

（3）开花初期、花荚盛期要做好豆荚螟的防治。

（刘合芹　陈合云　拍摄）　（撰写人：刘合芹　陈合云）

2.4 温州市

苍南白扁豆

【品种来源】温州市苍南县。

【特征特性】植株蔓生，无限结荚习性，生长势强。茎绿色，叶脉绿色，绿色叶片，大小中等。花色白带黄，花序长15～25cm。鲜豆荚青白色，镰刀形，缝线青绿色，荚长10～12cm，荚宽2～3cm，荚厚0.7～0.9cm，每荚有籽粒3～5个，单荚鲜重6～7g，单株荚数250～300个，单株鲜荚产量1.0～1.5kg。外观品质中等，荚壁纤维中等，口感品质中等。

成熟干籽粒黑色或深褐色，部分带花纹，白脐，椭圆形，光泽度中，百粒重38～42g。中晚熟，感光性中等，抗病性中等，抗虫性中等。

【产量表现】按栽培密度10500～15000株/hm^2计算，一般单季每公顷生产鲜荚13000～19000kg。

【栽培注意点】（1）长江中下游地区6月中下旬～7月上中旬均可播种。

（2）开花初期、花荚盛期做好豆荚螟的防治。

（刘合芹　陈合云　拍摄）　（撰写人：刘合芹　陈合云）

灵昆红扁豆

【品种来源】温州市洞头区灵昆街道。

【特征特性】植株蔓生，无限结荚习性，生长势强。茎紫绿色，叶绿色，叶脉紫色，叶片偏大。红色花序长15～25cm。鲜荚紫红色，猪耳朵形，缝线暗紫色，荚长3～4cm，荚宽2～3cm，荚厚0.8～1.0cm，每荚籽粒4～6个，单荚鲜重9～10g，单株荚数200～250个，单株鲜荚产量1.8～2.0kg。外观品质好，荚壁纤维少，口感品质好。

成熟干籽粒黑色或深褐色，部分带花纹，白脐，椭圆形，光泽度中等，百粒重38～42g。中晚熟，感光性中等，抗病性中等，抗虫性中等，耐寒性强。

【产量表现】按栽培密度10500～15000株/hm^2计算，一般单季每公顷生产鲜荚18000～25000kg。

【栽培注意点】（1）长江中下游地区6月中下旬～7月上中旬均可播种。

（2）花序、荚色均很好，可作为观赏性品种。

（3）开花初期、花荚盛期做好豆荚螟的防治。

（刘合芹　陈合云　拍摄）　（撰写人：刘合芹　陈合云）

2.5 金华市

大莱白扁豆

【品种来源】金华市武义县新宅镇。

【特征特性】植株蔓生，无限结荚习性，生长势强。茎绿色，叶色深绿，叶脉绿色，叶片中等偏大。花白色带黄，花序长15～25cm。鲜荚青白色，镰刀形，缝线青绿色，荚长5～7cm，荚宽1～3cm，荚厚0.7～0.9cm，每荚有籽粒3～5粒，单荚鲜重3～4g，单株荚数200～250个，单株鲜荚产量0.6～1.0kg。外观品质中等，荚壁纤维中等，口感品质中等。

成熟的干籽粒黑色或深褐色，部分带花纹，白脐，椭圆形，光泽度中等，百粒重38～42g。中晚熟，感光性中等，抗病性强，抗虫性中等，耐寒性强。

【产量表现】按栽培密度10500～15000株/hm^2计算，一般单季每公顷生产鲜荚7000～10000kg。

【栽培注意点】（1）长江中下游地区6月中下旬～7月上中旬均可播种。

（2）开花初期、花荚盛期要做好豆荚螟的防治。

（刘合芹　陈合云　拍摄）　（撰写人：刘合芹　陈合云）

2.6 嘉兴市

嘉善白扁豆

【品种来源】嘉善县罗星街道马家桥村。

【特征特性】植株蔓生，无限结荚习性，生长势强。茎绿紫色，叶脉绿色，绿色叶片，大小中等。粉红色花序长10～20cm。鲜荚青绿色带沙红，猪耳朵形，缝线紫绿色，荚长8～10cm，荚宽3～4cm，荚厚0.6～0.7cm，每荚有籽粒3～5个，单荚鲜重7～9g，单株荚数150～200个，单株鲜荚产量1.0～1.5kg。外观品质好，荚壁纤维少，口感品质好。

成熟干籽粒黑色或深褐色，部分带花纹，白脐，椭圆形，光泽度中等，百粒重38～42g。中熟，感光性中等，抗病性中等，抗虫性中等，耐寒性强。

【产量表现】按栽培密度10500～15000株/hm^2计算，一般单季每公顷生产鲜荚16000～22000kg。

【栽培注意点】（1）长江中下游地区4月中下旬～7月上中旬均可播种。

（2）开花初期、花荚盛期要做好豆荚螟的防治。

（刘合芹　陈合云　拍摄）　（撰写人：刘合芹　陈合云）

2.7 衢州市

衢江扁豆

【品种来源】衢州市衢江区峡川镇东坪村。

【特征特性】植株蔓生，无限结荚习性，生长势强。茎绿色，叶绿色，叶脉绿色，叶片偏小。白色花序长15～25cm。鲜荚青白色，短镰刀形，缝线青绿色，荚长5～6cm，荚宽1～2cm，荚厚0.7～1.0cm，每荚籽粒3～5个，单荚鲜重3～4g，单株荚数150～200个，单株鲜荚产量0.5～0.8kg，外观品质中等，荚壁纤维多，口感品质差。

成熟干籽粒黑色或深褐色，部分带花纹，白脐，椭圆形，光泽度中等，百粒重38～42g。中熟，感光性中等，抗病性强，抗虫性强。

【产量表现】按栽培密度10500～15000株/hm^2计算，一般单季每公顷生产鲜荚6000～9000kg。

【栽培注意点】（1）长江中下游地区4月中下旬～7月上中旬均可播种。

（2）鲜荚短而小，是比较宝贵的地方资源材料，值得保存和研究。

（3）开花初期、花荚盛期做好豆荚螟的防治。

（刘合芹　陈合云　拍摄）　（撰写人：刘合芹　陈合云）

2.8 台州市

黄岩白扁豆

【品种来源】台州市黄岩区院桥镇下店头村。

【特征特性】植株蔓生，无限结荚习性，生长势强。茎绿色，叶绿色，叶脉绿色，叶片中等偏大。白色花序长 15 ～ 25cm。鲜荚青白色，镰刀形，缝线深紫带绿色，荚长 8 ～ 10cm，荚宽 2 ～ 3cm，荚厚 0.6 ～ 0.8cm，每荚有籽粒 3 ～ 5 个，单荚鲜重 6 ～ 8g，单株荚数 100 ～ 150 个，单株鲜荚产量 0.6 ～ 1.0kg。外观品质中等，荚壁纤维多，口感品质差。

成熟干籽粒黑色或深褐色，部分带花纹，白脐，椭圆形，光泽度中等，百粒重 38 ～ 42g。中晚熟，感光性中等，抗病性中等，抗虫性中等。

【产量表现】按栽培密度 10500 ～ 15000 株/hm^2 计算，一般单季每公顷生产鲜荚 6000 ～ 9000kg。

【栽培注意点】（1）长江中下游地区 6 月中下旬～ 7 月上中旬均可播种。

（2）在开花初期、花荚盛期要做好豆荚螟的防治。

（刘合芹　陈合云　拍摄）　（撰写人：刘合芹　陈合云）

2.9 平湖市

紫边扁豆（紫边羊眼豆）

【品种来源】平湖市独山港镇。

【特征特性】植株蔓生，无限结荚习性，生长势强。茎紫绿色，叶脉紫色，叶绿色，叶片偏大。花色粉红，无花序或超短花序。鲜荚青绿色，边缘紫红色，皮条形或直刀形，缝线深紫色，荚长12～14cm，荚宽2～4cm，荚厚0.4～0.5cm，每荚有籽粒4～6粒；单荚鲜重7～8g，单株荚数100～150个，单株鲜荚产量0.7～1.0kg。外观品质中等，荚壁纤维多，口感品质差。

成熟干籽粒黑色或深褐色，部分带花纹，白脐，椭圆形，光泽度中等，百粒重38～42g。中晚熟，感光性中等，抗病性中等，抗虫性中等。

【产量表现】按栽培密度10500～15000株/hm^2计算，一般单季每公顷生产鲜荚8000～12000kg。

【栽培注意点】（1）长江中下游地区6月中下旬～7月上中旬均可播种。

（2）开花初期、花荚盛期做好豆荚螟的防治。

（刘合芹　陈合云　拍摄）　（撰写人：刘合芹　陈合云）

2.10 舟山市

舟山扁豆

【品种来源】嵊泗县菜园镇。

【特征特性】植株蔓生，无限结荚习性，生长势强。茎紫色，叶绿色，叶脉紫色，叶片偏大。紫红色花序长 15 ～ 25cm。鲜荚紫红色，镰刀形，缝线暗紫色；荚长 7 ～ 9cm，荚宽 2 ～ 4cm，荚厚 0.7 ～ 0.9cm，每荚有籽粒 4 ～ 6 个；单荚鲜重 8 ～ 9g，单株荚数 150 ～ 200 个，单株鲜荚产量 1.2 ～ 1.5kg。外观品质好，荚纤维少，口感品质好。

成熟干籽粒黑色或深褐色，部分带花纹，白脐，椭圆形，光泽度中等，百粒重 38 ～ 42g。中晚熟，感光性中等，抗病性中等，抗虫性中等，耐寒性强。

【产量表现】按栽培密度 10500 ～ 15000 株/hm^2 计算，一般单季每公顷生产鲜荚 12000 ～ 18000kg。

【栽培注意点】（1）长江中下游地区 6 月中下旬～ 7 月上中旬均可播种。

（2）花序、荚色均很亮丽，可推荐作为观赏性品种。

（3）在开花初期、花荚盛期要做好豆荚螟的防治。

（刘合芹　陈合云　拍摄）　（撰写人：刘合芹　陈合云）

2.11 宁波市

宁海红扁豆

【品种来源】宁海县长街镇。

【特征特性】植株蔓生，无限结荚习性，生长势强。茎绿色，叶色淡绿，叶脉绿色，叶片偏小。粉红色花序长 15 ～ 25cm。鲜荚紫红，镰刀形，缝线紫红色，荚长 6 ～ 8cm，荚宽 2 ～ 3cm，荚厚 0.5 ～ 0.8cm，每荚有籽粒 4 ～ 6 个，单荚鲜重 5 ～ 7g，单株荚数 200 ～ 250 个，单株鲜荚产量 1.0 ～ 1.5kg。外观品质好，荚壁纤维少，口感品质好。

成熟干籽粒黑色或深褐色，部分带花纹，白脐，椭圆形，光泽度中等，百粒重 38 ～ 42g。中熟，感光性中等，抗病性强，抗虫性强，耐寒性强。

【产量表现】按栽培密度 10500 ～ 15000 株/hm^2 计算，一般单季每公顷生产鲜荚 11000 ～ 16000kg。

【栽培注意点】（1）长江中下游地区 6 月中下旬～ 7 月上中旬均可播种。

（2）可推荐作为观赏性品种。

（3）开花初期、花荚盛期要做好豆荚螟的防治。

（刘合芹　陈合云　拍摄）　（撰写人：刘合芹　陈合云）

奉化花扁豆

【品种来源】宁波市奉化区大堰镇燕窠村。

【特征特性】植株蔓生，无限结荚习性，生长势强。茎绿色，叶绿色，叶脉绿色，叶片中等偏大。粉白色花序，长15～25cm。鲜豆荚青白色，镰刀形，缝线青绿色，荚长7～9cm，荚宽2～3cm，荚厚0.7～0.9cm，每荚籽粒3～5个，单荚鲜重5～7g，单株荚数100～150个，单株鲜荚产量0.5～1.0kg。外观品质中等，荚壁纤维中等，口感品质中等。

成熟干籽粒黑色或深褐色，部分带花纹，白脐，椭圆形，光泽度中等，百粒重38～42g。中晚熟，感光性中等，抗病性强，抗虫性中等。

【产量表现】按栽培密度10500～15000株/hm^2计算，一般单季每公顷生产鲜荚8000～12000kg。

【栽培注意点】（1）长江中下游地区6月中下旬～7月上中旬均可播种。

（2）开花初期、花荚盛期做好豆荚螟的防治。

（刘合芹　陈合云　拍摄）（撰写人：刘合芹　陈合云）

第3章

上海市

交扁5号

【品种来源】由上海交通大学农业与生物学院选育。

【特征特性】植株蔓生，无限结荚习性，生长势强。茎绿色，叶绿色，叶脉绿色，叶片中等大小。花色紫红，无花序或超短花序。鲜荚青绿色，猪耳朵形，缝线绿色，荚长7～9cm，荚宽2～4cm，荚厚0.5～0.8cm，每荚籽粒3～5个，单荚鲜重11～15g，单株荚数200～250个，单株鲜荚产量2.5～3.0kg。外观品质好，荚壁纤维少，口感品质好。

成熟的豆荚枯黑色，干籽粒棕黑色，部分带花纹，白脐，长椭圆形，百粒重32～36g，光泽度好。中熟，感光性中等，抗病性强，抗虫性强。

【产量表现】按栽培密度10500～15000株/hm^2计算，一般单季每公顷生产鲜荚30000～40000kg。

【栽培注意点】（1）长江中下游地区4月中下旬～7月上中旬均可播种。

（2）早春设施栽培，效益更高。

（3）开花初期、花荚盛期做好豆荚螟的防治。

（王彪　武天龙　拍摄）（撰写人：上海交通大学农业与生物学院　王彪　武天龙）

交扁6号

【品种来源】由上海交通大学农业与生物学院选育。

【特征特性】植株蔓生，无限结荚习性，生长势强。茎紫色，叶绿色，叶脉紫色，叶片偏大。紫红色花序，长 15 ～ 25cm。鲜荚长猪耳朵形，紫红色，缝线紫红色，荚长 10 ～ 12cm，荚宽 3 ～ 5cm，荚厚 0.5 ～ 0.7cm，每荚籽粒 3 ～ 5 个，单荚鲜重 11 ～ 14g，单株荚数 150 ～ 200 个，单株鲜荚产量 2.0 ～ 2.5kg。外观品质好，荚壁纤维少，口感品质好。

成熟的豆荚枯黑色，干籽粒棕黑色或棕色，部分带花纹，白脐，长扁椭圆形，百粒重 40 ～ 45g，光泽度好。中熟，感光性中等，抗病性强，抗虫性强。

【产量表现】按栽培密度 10500 ～ 15000 株/hm^2 计算，一般单季每公顷生产鲜荚 24000 ～ 34000kg。

【栽培注意点】（1）长江中下游地区 4 月中下旬～ 7 月上中旬均可播种。

（2）早春设施栽培，效益更高。

（3）开花初期、花荚盛期做好豆荚螟的防治。

（王彪　武天龙　拍摄）　（撰写人：王彪　武天龙）

交大1号

【品种来源】 由上海交通大学农业与生物学院选育。

【特征特性】 植株蔓生，无限结荚习性，生长势强。茎紫色，叶绿色，叶脉紫色，叶片偏大。红色花序，长 20 ～ 30cm。鲜豆荚青绿带沙红色，猪耳朵形，缝线红色，荚长 6 ～ 8cm，荚宽 2 ～ 4cm，荚厚 0.5 ～ 0.8，每荚籽粒 3 ～ 4 个，单荚鲜重 7 ～ 9g，单株荚数 150 ～ 200g，单株鲜产 1.0 ～ 1.5kg。外观品质好，荚壁纤维少，口感品质好。

成熟的豆荚枯黑色，干籽粒棕黑色，较大，白脐，长椭圆形，百粒重 50 ～ 55g，光泽度中。中晚熟，感光性强，抗虫性一般，耐旱性、耐涝性均较强。

【产量表现】 按栽培密度 10500 ～ 15000 株/hm^2 计算，一般单季每公顷生产鲜荚 13000 ～ 19000kg。

【栽培注意点】（1）长江中下游地区 4 月中下旬～ 7 月上中旬均可播种。

（2）在开花初期、花荚盛期要做好豆荚螟的防治。

（王彪　武天龙　拍摄）　（撰写人：王彪　武天龙）

交大青扁豆2号

【品种来源】由上海交通大学农业与生物学院选育。

【特征特性】植株蔓生，无限结荚习性，生长势强。茎绿色，叶绿色，叶脉绿色，叶片偏大。花白色，无花序或超短花序。鲜荚绿色，猪耳朵形，缝线绿色，荚长8～11cm，荚宽2～3cm，荚厚0.8～1.1cm，每荚籽粒3～5个，单荚鲜重11～15g，单株荚数200～250个，单株鲜荚产量2.7～3.2kg。外观品质好，荚壁纤维少，口感品质好。

成熟的豆荚枯黑色，干籽粒棕红色，部分带花纹，白脐，长椭圆形，百粒重40～45g，光泽度好。晚熟，感光性强，抗病性好，抗虫性好。

【产量表现】按栽培密度10500～15000株/hm^2计算，一般单季每公顷生产鲜荚30000～40000kg。

【栽培注意点】（1）长江中下游地区6月中下旬～7月上中旬均可播种。

（2）开花初期、花荚盛期做好豆荚螟的防治。

（王彪　武天龙　拍摄）　（撰写人：王彪　武天龙）

绿宝

【品种来源】由上海交通大学农业与生物技术学院选育。

【特征特性】植株蔓生，无限结荚习性，生长势强。茎绿色，叶绿色，叶脉绿色，叶片中等大小。花色粉红，无花序或超短花序。鲜荚青白色，猪耳朵形，缝线青绿色，荚长7～9cm，荚宽2～3cm，荚厚0.8～1.1cm，每荚籽粒3～5个，单荚鲜重9～12g，单株荚数200～250个，单株鲜荚产量1.8～2.3kg。荚壁纤维少，口感品质好。

成熟的豆荚枯黑色，干籽粒棕褐色，部分带花纹，白脐，长椭圆形，百粒重40～45g，光泽度好。中早熟，感光性中等，抗病性强，抗虫性强。

【产量表现】按栽培密度10500～15000株/hm^2计算，一般单季每公顷生产鲜荚22000～31000kg。

【栽培注意点】（1）长江中下游地区4月中下旬～7月上中旬均可播种。

（2）早春设施栽培，效益更高。

（3）开花初期、花荚盛期做好豆荚螟的防治。

（王彪　武天龙　拍摄）　（撰写人：王彪　武天龙）

艳红扁

【品种来源】由上海交通大学农业与生物学院选育。

【特征特性】植株蔓生，无限结荚习性，生长势强。茎紫色，叶绿色，叶脉紫色，叶片偏大。紫红色花序，长 15 ～ 25cm。鲜荚朱红色，猪耳朵形，缝线淡紫红色，荚长 6 ～ 8cm，荚宽 2 ～ 3cm，荚厚 0.8 ～ 1.1cm，每荚籽粒 3 ～ 5 个，单荚鲜重 6 ～ 8g，单株荚数 150～200 个，单株鲜荚产量 1.0～1.5kg。外观品质好，荚壁纤维少，口感品质好。

成熟的豆荚枯黑色，干籽粒棕色或棕黑色，部分带花纹，白脐，长椭圆形，百粒重 44 ～ 48g，光泽度好。中早熟，感光性中等，抗病性强，抗虫性强。

【产量表现】按栽培密度 10500 ～ 15000 株/hm^2 计算，一般单季每公顷生产鲜荚 12000 ～ 18000kg。

【栽培注意点】（1）长江中下游地区 4 月中下旬～ 7 月上中旬均可播种。

（2）早春设施栽培，效益更高。

（3）开花初期、花荚盛期做好豆荚螟的防治。

（王彪　武天龙　拍摄）　（撰写人：王彪　武天龙）

紫血糯

【品种来源】由上海交通大学农业与生物学院选育。

【特征特性】植株蔓生，无限结荚习性，生长势强。茎紫色，叶绿色，叶脉紫色，叶片偏大。深红色花序，长 15 ～ 25cm。鲜荚紫红色，猪耳朵形，缝线深紫红色，荚长 6 ～ 8cm，荚宽 2 ～ 3cm，荚厚 0.8 ～ 1.1cm，每荚籽粒 3 ～ 5 个，单荚鲜重 7 ～ 9g，单株荚数 100 ～ 150g，单株鲜荚产量 0.8 ～ 1.3kg。外观品质好，荚壁纤维少，口感品质好。

成熟的豆荚枯黑色，干籽粒棕黑色（早期棕红色），白脐，长椭圆形，百粒重 40 ～ 45g，光泽中等。中晚熟，感光性稍强，抗病性强，抗虫性中等。

【产量表现】按栽培密度 10500 ～ 15000 株/hm^2 计算，一般单季每公顷生产鲜荚 9000 ～ 13000kg。

【栽培注意点】（1）长江中下游地区 4 月中下旬～ 7 月上中旬均可播种。

（2）早春设施栽培，效益更高。

（3）开花初期、花荚盛期做好豆荚螟的防治。

（王彪　武天龙　拍摄）　（撰写人：王彪　武天龙）

红玫瑰

【品种来源】由上海交通大学农业与生物学院选育。

【特征特性】植株蔓生，无限结荚习性，生长势强。茎紫色，叶脉紫色，叶绿色（后期部分叶片加深，变为深紫色），叶片中等大小。红色花序，长 20 ～ 30cm。鲜荚亮红色（后期颜色加深，变为深紫色），猪耳朵形，缝线暗紫色，荚长 6 ～ 8cm，荚宽 2 ～ 3cm，荚厚 0.8 ～ 1.2cm，每荚籽粒 3 ～ 4 个，单荚鲜重 7 ～ 9g，单株荚数 150 ～ 200 个，单株鲜荚产量 1.2 ～ 1.6kg。外观品质好，荚壁纤维少，口感品质好。

成熟的豆荚枯黑色，干籽粒棕黑色，白脐，圆形，百粒重 40 ～ 45g，无光泽。中熟，感光性中等，抗病性强，抗虫性强。

【产量表现】按栽培密度 10500 ～ 15000 株/hm^2 计算，一般单季每公顷生产鲜荚 14000 ～ 21000kg。

【栽培注意点】（1）长江中下游地区 4 月中下旬～ 7 月上中旬均可播种。

（2）早春设施栽培，效益更高。

（3）开花初期、花荚盛期做好豆荚螟的防治。

（王彪　武天龙　拍摄）　（撰写人：王彪　武天龙）

黑珍珠

【品种来源】由上海交通大学农业与生物学院选育。

【特征特性】植株蔓生，无限结荚习性，生长繁茂。茎绿色，叶绿色，叶脉紫色，叶片偏大，红色花序，长10～20cm。鲜荚紫红色，猪耳朵形，缝线暗紫红色，荚长6～8cm，荚宽2～3cm，荚厚0.6～0.9cm，每荚籽粒3～4个，单荚鲜重6～8g，单株荚数150～200个，单株鲜荚产量1.0～1.5kg。外观品质好，荚壁纤维少，口感品质好。

成熟的豆荚枯黑色，干籽粒棕黑色（早期棕色），白脐，圆形，百粒重40～45g，无光泽。晚熟，感光性强，抗病性强，抗虫性中等。

【产量表现】按栽培密度10500～15000株/hm^2计算，一般单季每公顷生产鲜荚12000～18000kg。

【栽培注意点】（1）长江中下游地区6月中下旬～7月上中旬均可播种。

（2）开花初期、花荚盛期做好豆荚螟的防治。

（王彪　武天龙　拍摄）　（撰写人：王彪　武天龙）

1008

【品种来源】由上海交通大学农业与生物学院选育。

【特征特性】植株蔓生，无限结荚习性，生长势强。茎绿色，叶绿色，叶脉绿色，叶片偏大。白色无花序或超短花序。鲜荚青白色，猪耳朵形，缝线青绿色，荚长7～9cm，荚宽3～4cm，荚厚0.7～1.0cm，每荚籽粒3～5粒，单荚鲜重6～8g，单株荚数150～200个，单株鲜荚产量1.3～1.6kg。外观品质好，荚壁纤维少，口感品质好。

成熟的豆荚枯黑色，干籽粒棕色，较大，带花纹，白脐，圆形，百粒重52g，无光泽。晚熟，感光性很强，抗病性中等，抗虫性强。

【产量表现】按栽培密度10500～15000株/hm^2计算，一般单季每公顷生产鲜荚15000～22000kg。

【栽培注意点】（1）长江中下游地区6月中下旬～7月上中旬均可播种。

（2）在开花初期、花荚盛期做好豆荚螟的防治。

（王彪　武天龙　拍摄）　（撰写人：王彪　武天龙）

安绿达

【品种来源】由上海交通大学农业与生物学院选育。

【特征特性】植株蔓生，无限结荚习性，生长势强。茎绿色，叶浅绿色，叶脉绿色，叶片中等大小。白色花序，长15～25cm。鲜荚青白色，猪耳朵形，缝线青绿色，荚长7～9cm，荚宽2～3cm，荚厚0.8～1.1cm，每荚籽粒3～5个，单荚鲜重7～10g，单株荚数120～170个，单株鲜荚产量1.0～1.5kg。外观品质好，荚壁纤维少，口感品质好。

成熟的豆荚枯黑色，干籽粒棕色，白脐，圆形，百粒重40～44g，光泽度中等。中晚熟，感光性强，抗病性强，抗虫性强。

【产量表现】按栽培密度10500～15000株/hm^{2}计算，一般单季每公顷生产鲜荚15000～22000kg。

【栽培注意点】（1）长江中下游地区6月中下旬～7月上中旬均可播种。

（2）开花初期、花荚盛期做好豆荚螟的防治。

（王彪　武天龙　拍摄）　（撰写人：王彪　武天龙）

外10

【品种来源】由上海交通大学农业与生物学院选育。

【特征特性】植株蔓生，无限结荚习性，生长势强。茎紫色，叶脉绿色，叶绿色，叶片大小中等。紫红色花序，长25～35cm。鲜荚紫红色，后期颜色加深，变为深紫色，猪耳朵形，缝线深紫色，荚长6～8cm，荚宽2～3cm，荚厚0.5～0.8cm，每荚籽粒3～5个，单荚鲜重5～6g。单株荚数100～150个，单株鲜荚产量0.5～0.9kg。外观品质好，荚壁纤维少，口感品质好。

成熟的豆荚枯黑色，干籽粒棕色或棕黑色，部分带花纹，白脐，长圆形，百粒重44～48g，光泽度中等。中晚熟，感光性强，抗病性强，抗虫性强。

【产量表现】按栽培密度10500～15000株/hm^2计算，一般单季每公顷生产鲜荚6000～9000kg。

【栽培注意点】（1）长江中下游地区6月中下旬～7月上中旬均可播种。

（2）开花初期、花荚盛期做好豆荚螟的防治。

（王彪　武天龙　拍摄）　（撰写人：王彪　武天龙）

外11

【品种来源】由上海交通大学农业与生物学院选育。

【特征特性】植株蔓生，无限结荚习性，生长繁茂。茎紫色，叶绿色，叶脉绿色，叶片中等大小。紫红色花序长20～30cm。鲜荚淡红色，猪耳朵形，缝线紫红色，荚长6～8cm，荚宽2～3cm，荚厚1.0～1.3cm，每荚籽粒2～4个，单荚鲜重8～10g，单株荚数150～200个，单株鲜荚产量1.7～2.0kg。外观品质好，荚壁纤维少，口感品质好。

成熟的豆荚枯黑色，干籽粒棕黑色，白脐，圆形，百粒重40～44g，无光泽。中晚熟，感光性强，抗病性强，抗虫性强。

【产量表现】按栽培密度10500～15000株/hm^2计算，一般单季每公顷生产鲜荚19000～28000kg。

【栽培注意点】（1）长江中下游地区6月中下旬～7月上中旬均可播种。

（2）开花初期、花荚盛期做好豆荚螟的防治。

（王彪　武天龙　拍摄）　（撰写人：王彪　武天龙）

外13

【品种来源】由上海交通大学农业与生物学院选育。

【特征特性】植株蔓生，无限结荚习性，生长势强。茎绿色，叶脉绿色，叶片中等大小。白色花序，长20～30cm。鲜荚青白色，镰刀形，缝线青绿色。荚长6～8cm，荚宽1～3cm，荚厚0.6～0.8cm，每荚籽粒3～5个，单荚鲜重3～5g，单株荚数200～250个，单株鲜产0.6～1.0kg。外观品质好，荚壁纤维少，口感品质好。

成熟的豆荚枯黄色，干籽粒棕色，白脐，圆形，百粒重41～45g，无光泽。中熟，感光性中等，抗病性强，抗虫性强。

【产量表现】按栽培密度10500～15000株/hm^2计算，一般单季每公顷生产鲜荚8500～12000kg。

【栽培注意点】（1）长江中下游地区6月中下旬～7月上中旬均可播种。

（2）开花初期、花荚盛期做好豆荚螟的防治。

（王彪　武天龙　拍摄）　（撰写人：王彪　武天龙）

外18

【品种来源】由上海交通大学农业与生物学院选育。

【特征特性】植株蔓生，无限结荚习性，生长势强。茎紫色，叶绿色，叶脉紫色，叶片大小中等。红色花序，长20～30cm。鲜荚紫红色，猪耳朵形，缝线暗紫色，荚长6～8cm，荚宽2～4cm，荚厚0.7～1.0cm，每荚籽粒3～5个。单荚鲜重7～9g，单株荚数120～170个，单株鲜产0.9～1.3kg。外观品质好，荚壁纤维少，口感品质好。

成熟的豆荚枯黑色，干籽粒棕黑色，部分带花纹，白脐，圆形，百粒重44～48g，光泽度中等。中熟，感光性中等，抗病性强，抗虫性强。

【产量表现】按栽培密度10500～15000株/hm^2计算，一般单季每公顷生产鲜荚11000～16000kg。

【栽培注意点】（1）长江中下游地区6月中下旬～7月上中旬均可播种。

（2）开花初期、花荚盛期做好豆荚螟的防治。

（王彪　武天龙　拍摄）　（撰写人：王彪　武天龙）

外23

【品种来源】由上海交通大学农业与生物学院选育。

【特征特性】植株蔓生，无限结荚习性，生长势强。茎绿色，叶绿色，叶脉绿色，叶片中等大小。白色花序，长20～30cm。鲜荚青白色，猪耳朵形，缝线青色。荚长6～8cm，荚宽2～3cm，荚厚0.5～0.8cm，每荚籽粒2～4个，单荚鲜重5～7g，单株荚数120～170个，单株鲜荚产量0.6～1.0kg。外观品质好，荚壁纤维少，口感品质好。

成熟的豆荚枯黄色，干籽粒浅棕红色，白脐，圆形，百粒重40～44g，光泽度好。中熟，感光性中等，抗病性强，抗虫性强。

【产量表现】按栽培密度10500～15000株/hm^2计算，一般单季每公顷生产鲜荚9000～13000kg。

【栽培注意点】（1）长江中下游地区6月中下旬～7月上中旬均可播种。

（2）开花初期、花荚盛期做好豆荚螟的防治。

（王彪　武天龙　拍摄）　（撰写人：王彪　武天龙）

红花1号

【品种来源】由上海交通大学农业与生物学院选育。

【特征特性】植株蔓生，无限结荚习性，生长势中等。茎绿紫色，叶绿色，叶脉绿色，叶片大小中等。红色花序，长 15 ～ 25cm。鲜荚青白色，镰刀形，缝线绿色，荚长 6 ～ 8cm，荚宽 2 ～ 4cm，荚厚 0.6 ～ 0.8cm，每荚籽粒 3 ～ 5 个，单荚鲜重 5 ～ 8g，单株荚数 120 ～ 170 个，单株鲜荚产量 0.6 ～ 1.0kg。荚壁纤维中等，口感品质中等。

成熟的豆荚枯黄色，干籽粒棕色，白脐，圆形，百粒重 40 ～ 45g，光泽中等。早熟，感光性不强，抗病性强，抗虫性一般，耐旱性、耐涝性均较强。

【产量表现】按栽培密度 12500 ～ 16500 株/hm^2 计算，一般单季每公顷生产鲜荚 8000 ～ 12000kg。

【栽培注意点】（1）长江中下游地区 4 月中下旬～ 7 月上中旬均可播种。

（2）生长势不强，可适当密植。

（3）开花初期、花荚盛期做好豆荚螟的防治。

（王彪　武天龙　拍摄）　（撰写人：王彪　武天龙）

第4章

安徽省

4.1 合肥市

长白扁豆

【品种来源】合肥市。

【特征特性】植株蔓生，无限结荚习性，生长势强。茎绿色，叶色浅绿，叶脉绿色，叶片小。花色粉红，无花序或超短花序。鲜荚青白色，镰刀形，缝线青绿色。荚长 8 ～ 10cm，荚宽 2 ～ 3cm，荚厚 0.5 ～ 0.6cm，每荚籽粒 4 ～ 6 个，单荚鲜重 6 ～ 7g。单株荚数 250 ～ 300 个，单株鲜荚产量 1.5 ～ 2.0kg。外观品质中等，嫩荚纤维中等，品质中等。

成熟干籽粒红褐色或褐色，部分带花纹，白脐，椭圆形，光泽度中等，百粒重 27 ～ 30g。中熟，感光性中等，抗病性差，抗虫性中等。

【产量表现】按栽培密度 10500 ～ 15000 株/hm^2 计算，一般单季每公顷生产鲜荚 18000 ～ 25000kg。

【栽培注意点】（1）长江中下游地区 6 月中下旬～ 7 月上中旬均可播种。

（2）开花初期、花荚盛期做好豆荚螟的防治。

（荣松柏　拍摄）　（撰写人：安徽省农科院作物研究所　荣松柏）

角皮扁豆

【品种来源】合肥市。

【特征特性】植株蔓生，无限结荚习性，生长势中等。茎紫绿色，叶浅绿色，叶脉绿色，叶片偏小。粉红色花序，长 15 ～ 25cm。鲜荚青白色，镰刀形，缝线青绿色，荚长 7 ～ 8cm，荚宽 2 ～ 3cm，荚厚 0.8 ～ 0.9cm，每荚籽粒 3 ～ 4 个，单荚鲜重 6 ～ 8g，单株荚数 250 ～ 300 个，单株鲜产 1.5 ～ 2.0kg。外观品质中等，荚纤维中等，品质中等。

成熟干籽粒红褐色，无花纹，白脐，椭圆形，光泽度较好，百粒重 40 ～ 45g。中熟，感光性中等，抗病性差，抗虫性好。

【产量表现】按栽培密度 10500 ～ 15000 株/hm^2 计算，一般单季每公顷生产鲜荚 16000 ～ 24000kg。

【栽培注意点】（1）长江中下游地区 6 月中下旬～ 7 月上中旬均可播种。

（2）开花初期、花荚盛期做好豆荚螟的防治。

（荣松柏　拍摄）　（撰写人：荣松柏）

肥东青扁豆

【品种来源】合肥市肥东县古城镇。

【特征特性】植株蔓生，无限结荚习性，生长势强。茎绿色，叶脉绿色，叶绿色，叶片偏小。白色花序，长 10 ～ 20cm。鲜荚青白色，镰刀形，缝线青绿色，荚长 8 ～ 10cm，荚宽 2 ～ 3cm，荚厚 0.8 ～ 1.0cm，每荚籽粒 3 ～ 5 个，单荚鲜重 6 ～ 7g，单株荚数 250 ～ 300 个，单株鲜产 1.5 ～ 2.0kg。外观品质中等，荚壁纤维少，口感品质好。

成熟干籽粒红褐色，部分带花纹，白脐，椭圆形，光泽度中等，百粒重 38 ～ 42g。中晚熟，感光性中等，抗病性中等，抗虫性中等。

【产量表现】按栽培密度 10500 ～ 15000 株/hm^2 计算，一般单季每公顷生产鲜荚 16000 ～ 24000kg。

【栽培注意点】（1）长江中下游地区 6 月中下旬～ 7 月上中旬均可播种。

（2）开花初期、花荚盛期做好豆荚螟的防治。

（荣松柏　拍摄）　（撰写人：安徽省农科院作物研究所　荣松柏　赵西拥）

肥东紫扁豆

【品种来源】合肥市肥东县古城镇。

【特征特性】植株蔓生，无限结荚习性，生长势强。茎紫色，叶绿色，叶脉紫色，叶片偏小。红色花序，长 10 ～ 20cm。鲜荚紫红带白色，镰刀形，缝线紫红色，荚长 8 ～ 10cm，荚宽 2 ～ 3cm，荚厚 0.8 ～ 1.0cm，每荚籽粒 3 ～ 5 个，单荚鲜重 8 ～ 10g，单株荚数 100 ～ 150 个，单株鲜荚产量 1.0 ～ 1.5kg。外观品质中等，荚壁纤维少，口感品质好。

成熟干籽粒黑色或深褐色，部分带花纹，白脐，椭圆形，光泽度中等，百粒重 38 ～ 42g。中晚熟，感光性中等，抗病性中等，抗虫性较好，耐寒性强。

【产量表现】按栽培密度 10500 ～ 15000 株/hm^2 计算，一般单季每公顷生产鲜荚 10000 ～ 15000kg。

【栽培注意点】（1）长江中下游地区 6 月中下旬～ 7 月上中旬均可播种。

（2）开花初期、花荚盛期做好豆荚螟的防治。

（荣松柏　拍摄）　（撰写人：荣松柏　赵西拥）

肥东红扁豆

【品种来源】合肥市肥东县白龙镇。

【特征特性】植株蔓生，无限结荚习性，生长势强。茎紫色，叶绿色，叶脉紫色，叶片中等大小。红色花序，长 10 ～ 20cm。鲜荚淡紫红色，镰刀形，缝线紫红色。荚长 8 ～ 10cm，荚宽 2 ～ 3cm，荚厚 0.8 ～ 1.0cm，每荚籽粒 3 ～ 5 个，单荚鲜重 9 ～ 11g，单株荚数 150 ～ 200 个，单株鲜荚产量 1.0 ～ 1.5kg。外观品质中等，荚壁纤维少，口感品质好。

成熟干籽粒黑色或深褐色，部分带花纹，白脐，椭圆形，光泽度中等，百粒重 38 ～ 42g。中晚熟，感光性中等，抗病性中等，抗虫性中等，耐寒性强。

【产量表现】按栽培密度 10500 ～ 15000 株/hm^2 计算，一般单季每公顷生产鲜荚 13000 ～ 19000kg。

【栽培注意点】（1）长江中下游地区 6 月中下旬～ 7 月上中旬均可播种。

（2）开花初期、花荚盛期做好豆荚螟的防治。

（荣松柏　拍摄）　（撰写人：荣松柏　赵西拥）

红边扁豆

【品种来源】合肥市巢县。

【特征特性】植株蔓生，无限结荚习性，生长势强。茎紫色，叶紫色，叶脉浅紫色，叶片偏大。粉红色花序，长 15 ～ 25cm。鲜荚青白色，镰刀形，缝线淡紫色。荚长 6 ～ 7cm，荚宽 2 ～ 3cm，荚厚 0.7 ～ 0.8cm，每荚籽粒 2 ～ 3 个，单荚鲜重 7 ～ 9g，单株荚数 300 ～ 350 个，单株鲜荚产量 2.5 ～ 3.0kg。外观品质中等，荚壁纤维少，口感品质优。

成熟干籽粒红褐色，部分带花纹，白脐，椭圆形，光泽度好，百粒重 35 ～ 40g。中熟，感光性中等，抗病性差，抗虫性中等，耐寒性强。

【产量表现】按栽培密度 10500 ～ 15000 株/hm^2 计算，一般单季每公顷生产鲜荚 26000 ～ 39000kg。

【栽培注意点】（1）长江中下游地区 6 月中下旬～ 7 月上中旬均可播种。

（2）开花初期、花荚盛期做好豆荚螟的防治。

（3）产量较高，可作为种质创制的优良亲本。

（荣松柏　拍摄）　（撰写人：荣松柏　赵西拥）

4.2 天长市

天长红扁豆

【品种来源】天长市天长街道。

【特征特性】植株蔓生，无限结荚习性，生长势强。茎紫色，叶脉紫色，叶绿色，后期部分叶片变为深紫色，叶片中等大小。粉红色花序，长 20 ～ 30cm。鲜荚紫红色（后期变为深紫红色），镰刀形，缝线暗紫色，荚长 6 ～ 7cm，荚宽 2 ～ 3cm，荚厚 0.8 ～ 1.0cm，每荚籽粒 3 ～ 5 个，单荚鲜重 7 ～ 9g，单株荚数 150 ～ 200 个，单株鲜荚产量 1.0 ～ 1.5kg。外观品质好，荚壁纤维少，口感品质好。

成熟干籽粒黑色或深褐色，部分带花纹，白脐，椭圆形，光泽度中等，百粒重 38 ～ 42g。中熟，感光性中等，抗病性中等，抗虫性中等，耐寒性强。

【产量表现】按栽培密度 10500 ～ 15000 株/hm^2 计算，一般单季每公顷生产鲜荚 15000 ～ 22000kg。

【栽培注意点】（1）长江中下游地区 4 月中下旬～ 7 月上中旬均可播种。

（2）开花初期、花荚盛期做好豆荚螟的防治。

（荣松柏　拍摄）　（撰写人：荣松柏　赵西拥）

天长青扁豆

【品种来源】天长市天长街道。

【特征特性】植株蔓生，无限结荚习性，生长势强。茎绿色，叶绿色，叶脉绿色，叶片中等大小。花色粉红，超短花序或无花序。鲜荚青白色，镰刀形，缝线绿色。荚长 9 ～ 12cm，荚宽 2 ～ 4cm，荚厚 0.8 ～ 1.0cm，每荚籽粒 3 ～ 5 个，单荚鲜重 8 ～ 11g，单株荚数 100 ～ 150 个，单株鲜荚产量 0.8 ～ 1.3kg。外观品质好，荚壁纤维多，口感品质差。

成熟干籽粒黑色或深褐色，部分带花纹，白脐，椭圆形，光泽度中等，百粒重 38 ～ 42g。中熟，感光性中等，抗病性中等，抗虫性中等。

【产量表现】按栽培密度 10500 ～ 15000 株/hm^2 计算，一般单季每公顷生产鲜荚 9000 ～ 13000kg。

【栽培注意点】（1）长江中下游地区 4 月中下旬～ 7 月上中旬均可播种。

（2）开花初期、花荚盛期做好豆荚螟的防治。

（荣松柏　拍摄）　（撰写人：荣松柏　赵西拥）

4.3 宿州市

朱楼扁豆

【品种来源】宿州市砀山县朱楼镇。

【特征特性】植株蔓生，无限结荚习性，生长势强。茎淡紫色，叶绿色，叶脉淡紫色，叶片中等大小。红色花序，长15～25cm。鲜豆荚青白色，镰刀形，缝线暗紫色。荚长10～12cm，宽2～3cm，荚厚0.5～0.7cm，每荚籽粒4～6个，单荚鲜重7～9g，单株荚数150～200个，单株鲜荚产量1.0～1.5kg。外观品质中等，荚壁纤维多，口感品质差。

成熟干籽粒黑色或深褐色，部分带花纹，白脐，椭圆形，光泽度中等，百粒重38～42g。中熟，感光性中等，抗病性差，抗虫性中等。

【产量表现】按栽培密度10500～15000株/hm^{2}计算，一般单季每公顷生产鲜荚9000～13000kg。

【栽培注意点】（1）长江中下游地区4月中下旬～7月上中旬均可播种。

（2）开花初期、花荚盛期做好豆荚螟的防治。

（荣松柏　拍摄）　（撰写人：荣松柏　赵西拥）

萧县气眉豆

【品种来源】萧县圣泉镇。

【特征特性】植株蔓生，无限结荚习性，生长势强。茎紫色，叶绿色，叶脉紫色，叶片中等大小。紫红色花序，长 20 ～ 30cm。鲜荚淡紫红色，镰刀形，缝线暗紫色。荚长 9 ～ 11cm，荚宽 2 ～ 3cm，荚厚 0.7 ～ 0.9cm，每荚籽粒 4 ～ 6 个，单荚鲜重 8 ～ 10g，单株荚数 150 ～ 200 个，单株鲜产 1.0 ～ 1.5kg。外观品质好，荚纤维少，口感品质好。

成熟干籽粒红褐色或褐色，部分带花纹，白脐，椭圆形，光泽度中等，百粒重 38 ～ 42g。中晚熟，感光性中等，抗病性强；抗虫性强，耐寒性强。

【产量表现】按栽培密度 10500 ～ 15000 株/hm^2 计算，一般单季每公顷生产鲜荚 12000 ～ 18000kg。

【栽培注意点】（1）长江中下游地区 4 月中下旬～ 7 月上中旬均可播种。

（2）开花初期、花荚盛期做好豆荚螟的防治。

（3）花色、荚色均很亮丽，可推荐作为观赏性品种。

（荣松柏　拍摄）　（撰写人：荣松柏）

4.4 芜湖市

淡黄花籽扁豆

【品种来源】南陵县象山村。

【特征特性】植株蔓生，无限结荚习性，生长势强。茎绿色，叶浅绿色，叶脉绿色，叶片中等。白色花序，长10～20cm。鲜荚青白色，直刀形，缝线青绿色。荚长11～12cm，荚宽2～4cm，荚厚0.6～0.8cm，每荚籽粒3～5个，单荚鲜重8～10g，单株荚数150～200个，单株鲜产1.5～2.0kg。外观品质中等，荚壁纤维中等，口感品质中等。

成熟干籽粒棕色或棕褐色，无花纹，白脐，椭圆形，光泽度较好，百粒重48～52g。中熟，感光性中等，抗病性中等，抗虫性中等。

【产量表现】按栽培密度10500～15000株/hm^2计算，一般单季每公顷生产鲜荚17000～25000kg。

【栽培注意点】（1）长江中下游地区4月中下旬～7月上中旬均可播种。

（2）开花初期、花荚盛期做好豆荚螟的防治。

（荣松柏 拍摄）（撰写人：荣松柏）

4.5 淮南市

凤台白扁豆

【品种来源】淮南市凤台县李冲回族乡。

【特征特性】植株蔓生，无限结荚习性，生长势强。茎绿色，叶绿色，叶脉绿色，叶片中等大小。白色花序，长 15 ～ 25cm。鲜荚青白色，猪耳朵形，缝线青绿色。荚长 10 ～ 12cm，荚宽 3 ～ 4cm，荚厚 0.4 ～ 0.6cm，每荚籽粒 3 ～ 5 个，单荚鲜重 7 ～ 9g，单株荚数 150 ～ 200 个，单株鲜荚产量 1.5 ～ 1.8kg。外观品质中等，荚壁纤维中等，口感品质中等。

成熟干籽粒红色或红褐色，部分带花纹，白脐，椭圆形，光泽度中等，百粒重 38 ～ 42g。中熟，感光性中等，抗病性中等，抗虫性差，耐湿性差，耐寒性差。

【产量表现】按栽培密度 10500 ～ 15000 株/hm^2 计算，一般单季每公顷生产鲜荚 17000 ～ 25000kg。

【栽培注意点】（1）长江中下游地区 4 月中下旬～ 7 月上中旬均可播种。

（2）开花初期、花荚盛期做好豆荚螟的防治。

（荣松柏　拍摄）　（撰写人：荣松柏　赵西拥）

4.6 蚌埠市

青茶豆

【品种来源】蚌埠市五河县。

【特征特性】植株蔓生，无限结荚习性，生长势强。茎绿色，叶绿色，叶脉绿色，叶片中等大小。白色花序，长 10 ～ 20cm。鲜荚青绿带白色，皮条形或刀形，缝线青绿色，荚长 12 ～ 14cm，荚宽 4 ～ 5cm，荚厚 0.7 ～ 0.9cm，每荚籽粒 5 ～ 6 个，单荚鲜重 15 ～ 16g，单株荚数 100 ～ 150 个，单株鲜荚产量 1.5 ～ 2.0kg。外观品质中等，荚壁纤维少，口感品质好。

成熟干籽粒红褐色或红棕色，部分带花纹，白脐，椭圆形，光泽度中等，百粒重 38 ～ 42g。中晚熟，感光性中等，抗病性好，抗虫性中等。

【产量表现】按栽培密度 10500 ～ 15000 株/hm^2 计算，一般单季每公顷生产鲜荚 15000 ～ 22000kg。

【栽培注意点】（1）长江中下游地区 6 月中下旬～ 7 月上中旬均可播种。

（2）开花初期、花荚盛期做好豆荚螟的防治。

（荣松柏　拍摄）　（撰写人：荣松柏　赵西拥）

4.7 马鞍山市

和县白扁豆

【品种来源】马鞍山市和县。

【特征特性】植株蔓生，无限结荚习性，生长势强。茎绿色，叶绿色，叶脉绿色，叶片中等大小。白色花序，长 10 ～ 20cm。鲜荚青白色，猪耳朵形，缝线青绿色，荚长 7 ～ 9cm，荚宽 2 ～ 4cm，荚厚 1.0 ～ 1.2cm，每荚籽粒 3 ～ 5 个，单荚鲜重 10 ～ 12g，单株荚数 100 ～ 150 个，单株鲜荚产量 1.0 ～ 1.5kg。外观品质中等，荚壁纤维中等，口感品质中等。

成熟干籽粒红褐色，部分带花纹，白脐，椭圆形，光泽度中等，百粒重 38 ～ 42g。中熟，感光性中等，抗病性中等，抗虫性较差，耐寒性强。

【产量表现】按栽培密度 10500 ～ 15000 株/hm^2 计算，一般单季每公顷生产鲜荚 15000 ～ 22000kg。

【栽培注意点】（1）长江中下游地区 6 月中下旬～ 7 月上中旬均可播种。

（2）开花初期、花荚盛期做好豆荚螟的防治。

（荣松柏　拍摄）　（撰写人：荣松柏　赵西拥）

4.8 铜陵市

铜陵扁豆

【品种来源】铜陵市义安区天门镇。

【特征特性】植株蔓生，无限结荚习性，生长势强。茎紫色，叶脉紫色，叶绿色（后期部分叶片转为深紫色），叶片中等大小。紫红色花序，长 15 ～ 25cm。鲜荚淡紫色，镰刀形，缝线紫红色，荚长 10 ～ 13cm，荚宽 2 ～ 3cm，荚厚 0.7 ～ 0.9cm，每荚籽粒 4 ～ 6 个，单荚鲜重 9 ～ 11g。单株鲜荚产量 0.7 ～ 1.0kg。外观品质好，荚壁纤维少，口感品质好。

成熟干籽粒黑色或深褐色，部分带花纹，白脐，椭圆形，光泽度中等，百粒重 38 ～ 42g。中熟，感光性中等，抗病性中等，抗虫性中等，耐寒性强。

【产量表现】按栽培密度 10500 ～ 15000 株/hm^2 计算，一般单季每公顷生产鲜荚 8000 ～ 10000kg。

【栽培注意点】（1）长江中下游地区 4 月中下旬～ 7 月上中旬均可播种。

（2）开花初期、花荚盛期做好豆荚螟的防治。

（荣松柏　拍摄）　（撰写人：荣松柏　赵西拥）

第5章

江西省

5.1 上饶市

江湾大扁豆

【品种来源】婺源县江湾镇。

【特征特性】植株蔓生，无限结荚习性，生长势强。茎紫色，叶绿色，叶脉紫色，叶片偏小。红色花序，长15～25cm。鲜荚沙红带绿色（未见光部分为绿色），镰刀形，缝线暗紫红色，荚长7～9cm，荚宽2～3cm，荚厚0.5～0.8cm，每荚籽粒3～5个，单荚鲜重5～7g，单株荚数200～250个，单株鲜荚产量1.0～1.5kg。外观品质中等，荚壁纤维中等，口感品质中等。

成熟的豆荚枯黄色，干籽粒黑色，白脐，圆形，百粒重38～42g，光泽中等。中熟，感光性中等，抗病性强，抗虫性中等。

【产量表现】按栽培密度10500～15000株/hm^{2}计算，一般单季每公顷生产鲜荚12000～18000kg。

【栽培注意点】（1）长江中下游地区6月中下旬～7月上中旬均可播种。

（2）开花初期、花荚盛期做好豆荚螟的防治。

（苏彩霞　栾春荣　拍摄）（撰写人：苏彩霞）

5.2 景德镇市

虾公豆

【品种来源】景德镇市。

【特征特性】植株蔓生，无限结荚习性，生长势中等。茎紫色，叶脉紫色，叶绿色，叶片中等大小。紫红色花序长 10 ～ 20cm。鲜荚青白带紫色，长镰刀形，缝线紫色，荚长 7 ～ 11cm，荚宽 1.2 ～ 1.6cm，荚厚 1.0 ～ 1.4cm，每荚有籽粒 4 ～ 6 个，单荚鲜重 3 ～ 5g，单株荚数 250 ～ 300 个，单株鲜荚产量 1.0 ～ 1.5kg。外观品质好，荚壁纤维少，口感品质好。

成熟豆荚枯黄色，干籽粒棕色，带花纹，白脐，葱管形，光泽度中等，百粒重 37 ～ 41g。晚熟，感光性强，抗病性强，抗虫性强。

【产量表现】按栽培密度 10500 ～ 15000 株/hm^2 计算，一般单季每公顷生产鲜荚 12000 ～ 18000kg。

【栽培注意点】（1）长江中下游地区 6 月中下旬～ 7 月上中旬均可播种。

（2）生长势不太强，可以适当密植。

（3）开花初期、花荚盛期做好豆荚螟的防治。

（苏彩霞　栾春荣　拍摄）　（撰写人：苏彩霞）

第6章

贵州省

6.1 凯里市

花豆

【品种来源】凯里市。

【特征特性】植株蔓生，无限结荚习性，生长势中等。茎绿色，叶脉绿色，叶绿色，叶片偏大。白色花序长 15 ～ 25cm。鲜荚青白色，镰刀形，缝线青绿色，荚长 5 ～ 9cm，荚宽 1.7 ～ 2.1cm，荚厚 0.4 ～ 0.8cm，每荚有籽粒 3 ～ 5 个，单荚鲜重 3 ～ 5g，单株荚数 100 ～ 150 个，单株鲜荚产量 0.4 ～ 0.7kg。外观品质好，荚壁纤维中等，口感品质中等。

成熟豆荚枯黄色，干籽粒棕色或红棕色，带花纹，白脐，圆形，光泽度好，百粒重 33 ～ 37g。中熟，感光性中等，抗病性中等，抗虫性中等。

【产量表现】按栽培密度 10500 ～ 15000 株/hm^2 计算，一般单季每公顷生产鲜荚 18000 ～ 27000kg。

【栽培注意点】（1）长江中下游地区 6 月中下旬～ 7 月上中旬均可播种。

（2）生长势不太强，可以适当密植。

（3）开花初期、花荚盛期做好豆荚螟的防治。

（苏彩霞　栾春荣　拍摄）　（撰写人：苏彩霞）

6.2 安顺市

小种架豆

【品种来源】 安顺市。

【特征特性】 植株蔓生，无限结荚习性，生长势中等。茎绿色，叶脉绿色，叶绿色，叶片偏大。紫红色花序长 5 ～ 15cm。鲜荚青白色，镰刀形，缝线青绿色，荚长 6 ～ 10cm，荚宽 1.9 ～ 2.3cm，荚厚 0.7 ～ 1.1cm，每荚有籽粒 3 ～ 5 个，单荚鲜重 4 ～ 6g，单株荚数 170 ～ 220 个，单株鲜荚产量 0.5 ～ 1.0kg。外观品质中等，荚壁纤维多，口感品质差。

成熟豆荚枯黄色，干籽粒黑色，无花纹，白脐，椭圆形，无光泽，百粒重 41 ～ 45g。晚熟，感光性强，抗病性中等，抗虫性中等。

【产量表现】 按栽培密度 10500 ～ 15000 株/hm^2 计算，一般单季每公顷生产鲜荚 4000 ～ 5000kg。

【栽培注意点】（1）长江中下游地区 6 月中下旬～ 7 月上中旬均可播种。

（2）成熟时要及时收种保种，防止遇到霜降天气。

（3）开花初期、花荚盛期做好豆荚螟的防治。

（苏彩霞　栾春荣　拍摄）（撰写人：苏彩霞）

第7章

湖北省

泡泡扁豆

【品种来源】兴山县。

【特征特性】植株蔓生，无限结荚习性，生长势中等。茎紫绿色，叶脉紫色，叶绿色，叶片偏大。紫红色花序长10～20cm。鲜荚青绿带紫色，长镰刀形，缝线紫红色，荚长7～11cm，荚宽1.2～1.6cm，荚厚0.6～1.0cm，每荚有籽粒3～5个，单荚鲜重4～6g，单株荚数250～300个，单株鲜荚产量1.5～1.8kg。外观品质好，荚壁纤维中等，口感品质中等。

成熟豆荚枯黄色，干籽粒暗棕色或黑色，无花纹，白脐，长椭圆形，光泽度差，百粒重34～38g。中早熟，感光性中等，抗病性强，抗虫性强。

【产量表现】按栽培密度10500～15000株/hm^2计算，一般单季每公顷生产鲜荚18000～27000kg。

【栽培注意点】（1）长江中下游地区4月中下旬～7月上中旬均可播种。

（2）生长势不太强，可以适当密植。

（3）开花初期、花荚盛期做好豆荚螟的防治。

（苏彩霞　栾春荣　拍摄）　（撰写人：苏彩霞）

第8章

福建省

南平紫色软壳扁豆

【品种来源】南平市。

【特征特性】植株蔓生，无限结荚习性，生长势中等。茎绿色，叶脉绿色，叶绿色，叶片偏大。红色花序长 5 ～ 15cm。鲜荚青白色，镰刀形，缝线青绿色，荚长 5 ～ 9cm，荚宽 1.8 ～ 2.2cm，荚厚 0.6 ～ 1.0cm，每荚有籽粒 3 ～ 5 个，单荚鲜重 4 ～ 8g，单株荚数 100 ～ 150 个，单株鲜荚产量 0.5 ～ 1.0kg。外观品质好，荚壁纤维中等，口感品质中等。

成熟豆荚枯黄色，干籽粒黑色，无花纹，白脐，椭圆形，无光泽，百粒重 41 ～ 45g。中早熟，感光性中等，抗病性中等，抗虫性中等。

【产量表现】按栽培密度 10500 ～ 15000 株/hm^2 计算，一般单季每公顷生产鲜荚 8000 ～ 12000kg。

【栽培注意点】（1）长江中下游地区 4 月中下旬～ 7 月上中旬均可播种。

（2）生长势不太强，可以适当密植。

（3）开花初期、花荚盛期做好豆荚螟的防治。

（苏彩霞　栾春荣　拍摄）　（撰写人：苏彩霞）

参考文献

[1] 潘启元.世界扁豆研究现状[J].宁夏农学院学报，1992，13（1）：76-81.

[2] 彭友林，唐纯武，王新明，等.湖南省扁豆种质资源的研究[J].武汉植物学研究，2000，18（1）：73-76.

[3] 周显青.食用豆类加工与利用[M].北京：化学工业出版社，2003：48-50.

[4] 舒迎澜.主要豆荚类蔬菜栽培史[J].古今农业，1994（4）：35-41.

[5] 胡燕琳，姚陆铭，徐永平，等.扁豆密植栽培技术研究[J].中国农学通报，2012，28（1）：264-268.

[6] 王士同，王永莉，陆娴，等.扬州地区扁豆品种应用现状及潜力品种推荐[J].长江蔬菜，2014（21）：16-18.

[7] 陈新，蔺玮，江河，等.适合南方地区种植的3个扁豆新品种及其高产栽培技术[J].江苏农业科学，2009（3）：204-205.

[8] 魏善城，晏一祥，曾江海.滇西北豆类资源初步考察报告[J] .云南大学学报：自然科学版，1982（2）：90-98.

[9] 徐向上，腾有德，陈学群.川东北及川西南扁豆种质资源的考察鉴定[J].作物种质资源，1996（3）：20-21.

[10] 曲士松，梁铭.山东省扁豆种质资源的观察与利用[J].山东农业科学，1997（1）：22.

[11] 覃初贤，陆平，王一平.桂西山区食用豆类种质资源考察[J].广西农业科学，1996（1）：26-28.

[12] 李晓平，胡明文.黔南山区豆类蔬菜资源[J].贵州农业科学，1995（6）：47-49.

[13] 彭友林，唐纯武，王新明，等.湘西北地区扁豆种质资源的考察[J].中国蔬菜，1997（3）：28-29.

[14] 祖艳侠，郭军，顾根宝，等.豆类品种资源的搜集与整理[J].种子，2004，23（1）：41-42.

[15] 张晓艳，刘剑锋，耿立威，等.吉林省扁豆品种花粉形态观察[J].吉林农业大学学报，2007，29（4）：398-401.